市民がつくる
半自給農の世界

農的参加で循環・共生型の社会を

深澤竜人 著

農林統計協会

土に立つ者は倒れず

土に活きる者は飢えず

土を護る者は滅びず

　　　　　　横井　時敬

〔第2章関連の写真〕

不耕起水田の一年

右が筆者の不耕起水田
左は慣行水田

3月

4月

5月

6月上旬（田植え前）

6月中旬（田植え直後）

6月下旬

7月下旬

8月下旬

慣行水田の稲

不耕起水田の稲

9月中旬

慣行農法の稲　　　　　　　　　　　　不耕起水田の稲

10月

不耕起水田の土

刈り取り直後
左：慣行水田　　右：不耕起水田（除草剤を使用しないため青みが違う）

〔第7章関連の写真〕

クモ

コガネムシ

バッタ

タニシ

トンボ

バッタ

カエル

はしがき

本書の主たる内容

　最初に本書の全体像を理解していただいた方がよいので，あらかじめここで概括的に本書の主な内容や構成を伝えておくことが，読者の便宜にかなうはずである。まず本書の主たる内容から見ていくとすれば，およそ次のとおりである。

　第一に，農家でない方々，農業の素人であっても，簡単な農業あるいはまた土いじりに興味・関心のある方，やる気のある方，そうした方々に，本書では小規模農業が持っている魅力，それと同時に小規模農業への参加や実行，これらをまずもって訴えている。何しろこれが本書全体を貫く主題である。つまり農業への参加とは言っても，専門的な農業や新規就農を促しているわけではない。そうではなくて，非農家や農業の素人の方でも，簡単に行なえる小規模な農業の実行（例えば一番小規模なものとしてはベランダ菜園などからの実行）や参画を促しているわけである。

　そうした小規模農業の実行と参加の方法・仕方は，本書で述べていくように，ベランダ菜園や家庭菜園的なものからいろいろなものが多種多様にあるわけで，また土に触れるのが苦手な方であってもオーナー制度などのものがあるのであり，各人がおのおのできる形のものを，できる範囲で実行し，広く農に参加してもらいたい。農という空間・領域を生活の中に取り入れていただきたい。こうした形で非農家や農業の素人であっても，小規模でできる農業の発展と展開を企図している。本書はこのようなスタイルで，非農家の農的参加や農業参画を説いている。

　筆者がこうした非農家の農的参加に着目し，本書で論じ扱っていくのは，次の理由からである。

一つ目の理由　農を見直す新しい風

　理由の一つ目として，まず今，農業がブームである。非農家や農業の専門家でない方でも，小規模的な農業の実体験や参画，あるいはさらに半農半Xに代表されるような自給に近い生活スタイルを希望されている方々，これらについて近年よく目にし，耳にする。ここ最近ではそうした動きは，本書で述べるいくつかの要因が背景となって，実際に展開し拡大してきている。典型的なものとしては，農業・園芸ブーム，そして田舎暮らしなどが代表されるところであろうか。具体的事例としても，書店では農業・園芸コーナーで関連する書籍の開架・陳列が多くなされているし，テレビ・新聞等のマスメディアの分野でも，それに類した情報関連番組・記事の放送・報道が多くなされている。

　また現実的な面でも，本書で示していくような，農業を実行し参画していこうとする動きが実際に多々ある。このような現象は一昔前だったら考えられないものかもしれない。またブームと言っても，どうもこれらは一過性的な流行，あるいは一次的に流行って，その後廃れてしまうような類のものとは，おそらく趣が異なるのではないか。時代の空気あるいは流れのような感があり，読者もそうした感覚を現実のものとしてつかみ，感じ取られていることと察する。これだけ一時的に終わることのない動向と，そして実際にそれを希望し希求する動き，言わばこのような時代の潮流を看過することはできない。

　こうした中，特に非農家や農業の素人でありながら，農や土いじりに興味・関心のある方，やる気のある方，そうした方々に，専門的ではなく大規模ではない小規模農業，これこそが持つ数々のメリットや論点を本書で訴えていく。それは上記の状勢からして，絶好の機会となっているのかもしれない。

　しかし，こうした素人農業の動き・ブームとは別に，片や一方では荒廃する農村，後継者不足，低迷する食料自給率の問題等々，まったく背反し矛盾する状況もある。そこで，このような矛盾し相反する内情を明らかにし，しかし素人でも非農家でも農に関心のある方々がこれほどまでにいるのであるから，それらの方々の力を拝借し，それらの方々と日本の食と農そして環境について，机上のものではない実際に実行・実践できる打開の道，これこそをここから探求していこうというのが，本書の趣旨でもある。

また農業に興味関心のある方以外の方であっても，本書では対象としている。と言うのも，上記または以下のように様々な問題が錯綜し混迷する状況下，多くの方，例えば農家でない・当事者でない一市民・一消費者，いわゆる一般の方々，このような方々の中でも，上記混迷する状況下において何を行なっていったらよいのか，環境問題が叫ばれている中，自身が貢献できることは何かないのか，これらを真摯に探求し模索されている方々が多くいることと思われる。そうした方々に対して，非農家であっても，農業の素人であっても，生産当事者でなくとも，直接土に携わらなくとも，共に行なえる農的参加や農業参画を訴える形となっている。

　二つ目の理由　農が持っている大きな魅力と可能性
　何ゆえ，このように筆者は非農家・素人の農業参画を強調しているのか。それは非農家・素人の農業参画の中に，上で示した現行の諸問題の是正に関して，実に多くの潜在的な魅力が包まれているからである。それを本書では詳しく示していくとして，それが取りも直さず，非農家の農業参画を本書で論じ扱っていこうとする第二の理由である。
　現在日本にあって，食と農そして環境の問題，これらはさきのように大いに混迷する状況にある。いくつかの具体的事例を挙げて見ていくとすれば，まず米に代表される農産物価格の低迷状況と経営的困難性，有機農産物に関しても普及の停滞低迷的な状況，それとは別に農薬・化学肥料そして機械や石油に依存しなければならない現代農業の諸問題，等々。このように問題が様々に，そして重層的に入り組んでいるのだが，それでも腑分けするかのように問題を対象別に分類して見ていくとすれば，経済的な側面と，安心安全な食料確保の面と，そして環境・エネルギー面での問題と，これらの側面で問題が錯綜している。
　しかしこれらの諸問題に対して，本書で扱う素人・非農家の農業参画がいかに打開の道・可能性を持っているか，問題の是正に貢献できるのか，これらを本書で扱い論じていくこととなる。と言うのも，上記挙げた諸問題に対して，それを打開する道，それも机上のものではない実際に実行・実践できていく打

開の道，この探求にとって，今話題を呼んでいるこの素人・非農家の農業参画こそが，多くの潜在的な魅力・要素を持っていると考えるからである。実際に筆者は，いわゆる半農半Xの形態で農業に十数年来携わっている（借地約1反）。携わっている中で，誠に世に出すべき多くの論点を得ることができている。

　その一端をここであらかじめ示しておくとすれば，素人・非農家が行なえる農業参画，そうした家庭内供給を中心とした小規模農業においては，専門的な農業や大規模農業にはない多くのメリットが多くある。小規模だからこそ行なえる，そして経営的側面とは別な多くの優位性が，この素人・非農家が行なう農業参画，家庭内供給を中心とした小規模農業に存在していると，このように筆者は実体験上からも把握しているからである。

　本書でそれをいくつかの方面から示していくのがテーマとなっているのだが，さきにまたいくつか具体的な事例を挙げて示しておくとすれば，次のものが挙げられる。

　一つに例えば就農あるいは専門的な農業の場合，現状生じている経費の過重負担の一方で農産物価格の低迷などがあって，経営的な視点から見ると常にリスクや経営の困難性を抱えるのだが，素人・非農家が行なえる農業参画，家庭内供給を中心とした小規模農業には，そうしたリスクが存在しない点。であるからこそ，ここから以下の諸点と合わせて，既述の問題是正の現実的即効性を持っている点。それは，実際に農産物を自身で供給していくことから，家計の節約節倹面，食の安心・安全面，これらが確保できる点。また自家で排出する生ゴミ等々を有効に有機的な肥料として土に帰していくのであるから，ゴミ問題の是正，有機的な生態系の循環，これら環境問題に貢献できる点。

　これ以外にも，小規模農業が持つ魅力・メリットは，メンタル・精神面など実に多くあって，それらについての詳細を本書の各章で大いに取り上げ論じている。このような構成に本書はなっている。

　三つ目の理由　専門的な農家・農業の枠を超えて
　非農家の農的参加や農業参画を本書で取り上げる第三の理由としては，今まで，素人農業とか非農家の農業参画などは，一般的に学術的な考察はもちろん

のこと，統計的な把握からも対象外のものであったことと察する。そして従来の農業政策，あるいは農業調査と言うと，専門の農家が対象であり，それらに関する研究と考察，政策提言が行なわれていた。となると，そうした状況下であれば，素人農業・非農家，このように言っただけで，政策の対象からは外され，考慮の枠から除外されていたことと察する。

　しかしこのことは，従来の研究と政策にとっては，補うべき重要な陥穽や死角だったのではないだろうか。素人・非農家に何ができるのかという，いささか蔑みにも似た認識と把握からは，これからはもはや脱し，そのためにも素人・非農家であってもこれだけのことができるのだという一面を，本書では示していくこととなる。そして非農家であれ，専門の農家であれ，素人であれ，玄人であれ，日本の食と農そして環境について，これからは共に手を携えて歩み，是正の道を追究していくことを筆者としては望んでいる。

　本書はその第一歩である。そのためにも，素人・非農家であってもこれだけのことができ，小規模農業にはこうしたメリットがあるのだという点を鮮明にしておくことが，まずもって重要であると考えている。

　各章の構成

　本書の主たる内容は上記のとおりであって，引き続き本書の編成と各章の構成をあらかじめ示しておいた方がよいであろう。

　第1章では開題として，混迷するこの日本の主に食と農の諸問題について，概括的に把握しておいた。そしてまた，この食と農の問題に関して，その対処・対応策として今言われている代表的な，そしてまた対立的な二つの主張と見解を取り上げてみた。この二つの代表的な主張・見解の真贋を見極めることが本書の主たる対象課題ではないのだが，これらを対照させて示し，同時に片方の見解の俗説的な部分を剥ぎ，その是非を示していくような構成と本書はなっている。

　現在問題となっている低迷する食料自給率の問題，また食の安心・安全性の問題等々，これら今着目されている問題について，ではいったいどうしていけばよいのか，これを本書では常に探っている。打開の方向性として，わが国・

国内産農産物の自給割合を高める方向性が現今言われているが，事態はまったく単純ではなく，農業生産の過酷な状況，特に中山間地域の荒廃する状況は，大きな問題である。このように安易なる問題の解決には程遠いことと，問題のさらなる深刻性を認識しておかなければならない。

専門的な農家がこのように疲弊する一方で，しかし上記のとおり素人農業・非農家の農業は流行している。こうして問題はさらに矛盾し錯綜するかのようにあるのだが，逆にこうした素人農業・非農家の農業参画の活力を活かすべく，本書ではその活力に着目しながら，同時に素人農業・非農家の農業参画の有効性を各種の方面から検討している。そしてそのメリットを提示していくというのが，本書の各章のスタイルと構成である。

第2章では筆者実際の小規模農業の実行実践形態を詳解した。筆者はさきのとおり，十数年来およそ1反の農地に携わり，水田・畑ともにいわゆる有機農業の形で農業を行ない，米については不耕起栽培にて自給を可能とし，さらに余剰米は他者に譲渡することが可能となっている。しかしそのような農業を行なうにあたって，筆者はエンジン付き農業用の機械をまったく所持していない。大事(おおごと)と言われる稲作であっても小規模であれば，手作業で各種の工程が行なえる点。ではそれを可能にしていく，規模・土地面積，収穫量，それに費やされる労働時間，必要な経費はいったいどのくらいになるのか，これらの点について詳しく示してある。

第3章は第2章に引き続いて，このような農業，いわば家庭内供給的な小規模農業が，いくつかのメリットを有している点を示した。それは食の安心・安全面の確保，家計における経済的な節約節倹面，健康や精神的な面で優れた有効性がある点。こうした日常的な効果の他に，ゴミ問題の是正や，循環型社会・共生経済の構築の礎や源となる点，等々，環境面やその他各種の方面で，家庭内供給的な小規模農業は多くの有益性を持っていることが示されていく。

なお，塩見直紀氏提唱のこの「半農半X」なる農業スタイルが現今大きな話題を呼んでおり，筆者も同様な形態でかような農業を実行しているしだいである。よって以下の各章からは，「半農半X実態経済分析」でもあり，同時に「家庭内供給的な小規模農業展開論」ともなっている。

ここまで読み進められると，何人かの読者は小規模ながらの農業に魅力を感じられ，実際にそれを行なってみたい衝動につかれてくるかもしれない。そこで第4章は，わずかな規模であれ，実際にかような農業を実行・実践できる場と形態を示した。いきなり自給体制の確立や半農半Xの実行とまでいかずとも，小規模的な農業を行なうには，今，各種の形態があるのであって，その代表的なものを実地調査と合わせて本章で示している。こうしたわずかな規模での農業の実行，つまりは非農家でも関心ややる気のある方が小規模ながらの農業参画に踏み出られ，この農業の有する有効性が各所で発揮されることを，筆者としては願っている。

　第5章以下は，さらに小規模農業の持つ有益性について論じた。第5章は経費の面，第6章は農業用機械による石油消費等々のエネルギー面，第7章は環境面（あるいは環境志向の面）で，小規模農業の持つ特長や有益性が語られている。

　その第5章では特に米作に関して，現行の慣行農法と筆者の不耕起有機栽培との比較対照を行なっている。そこでは現行の慣行稲作がいかに経費過重にして，また逆に現行の販売米価水準が過酷なものかが知れるであろうし，それと対照させて，筆者の機械に頼らない不耕起有機栽培で米の自給は可能である点や，経費の面での負担の少なさが示されている。

　第6章は，エネルギー収支という面での検討であるが，まず現行の農業がいかに石油依存の状態になっているかを示してある。それをエネルギーの面から見ると，例えばカロリー10の農産物を生産するために，化学肥料や石油の多消費などから，10カロリー以上のエネルギーを投入しなければならない状況。また，前章との関連で経費の面で米に関して言えば，10万円分の米を作ったとしても，肥料代等々の支出から経費が10万円以上かかっている状況。こうした完全におかしな状況が，しかし現実にはなぜ生じているのか，その詳細を示してある。そこで家庭内供給的な小規模農業，また機械に頼らない稲作の不耕起有機栽培によって，いかに化石燃料の消費に依存しない，エネルギー節約的な農業が可能となっていくのかを同時に示していく。

　第7章は上記に引き続いた環境面の考察で，非農家の農業参画，家庭内供給

的な小規模農業が，いかにこの環境問題の面で特長を発揮できるかが焦点となっており，特に近年言われているロハスやスローフード，ビオトープ・自然生態系の回復，これらの志向（思考）と運動との連携点を示してある。

　第8章は，各種の質問に答える形の章となっている。

　以上が本書の全体像である。

目　次

はしがき ……………………………………………………………………… i

第1章　市民が農的かかわりを求める時代に …………………………… 1
序　節　日本における食と農の問題と市民の農業志向 ………………… 2
　1．日本の食と農をめぐる数々の問題 ……………………………………… 2
　2．市民の農業参画の流行　農に対する飢え ……………………………… 4
　3．市民の農業参画志向の要因を考える …………………………………… 7
　4．ギャップの解消に向けて ………………………………………………… 9
第1節　市民の農業参画，自家消費的な小規模農業の展開
　　　　　その序論 ………………………………………………………… 9
　1．農家でない方々に是正の道を求める要因のいくつか ………………… 9
　2．一市民の農業参画の実際　筆者の場合 ……………………………… 11
　3．次章への架け橋として　問題点の先取り …………………………… 12
第2節　既存の農業政策に関する各種の論調を確認 …………………… 13
　1．主張① ……………………………………………………………………… 14
　2．主張② ……………………………………………………………………… 15
　3．本書での展開 …………………………………………………………… 17
補　節　日本の食料自給率，耕作放棄地の現状 ……………………… 18
　1．食料自給率の低下 ……………………………………………………… 20
　2．耕作放棄地の現状 ……………………………………………………… 21

第2章　一市民による半自給農の実状　―筆者の実践をもとに― … 25
序　節　出発点他 …………………………………………………………… 25
　1．共通する問題意識　出発点 …………………………………………… 25
　2．現代経済学との対比 …………………………………………………… 27

第1節　畑・田での筆者の取り組み……28
1．規模と取り組みの概要・詳細……28
2．畑での取り組み……29
   - 栽培している野菜……29
   - 自家採種……30
   - 肥料，施肥……31
   - 虫害に関して……31
   - 除草と堆肥作り……32
   - 省力化　不耕起栽培……32
   - 問題点……33
3．水田での取り組み……33
   - 湛水と雑草の倒伏……33
   - 育苗，田植え……35
   - 水田の表面被覆と田の草取り……36
   - 土の固さ……36
   - 稲刈り，はざ掛け，脱穀……38
   - 農閑期の作業……39
   - 不耕起田の稲の特徴……39

第2節　収穫量，経費，必要労働時間……40
1．収穫量……40
2．経費……41
3．かかる労働時間……41

第3節　ここまでの一つの結論……43
1．自給のために必要な規模・時間・経費……43
2．収支比較　いずれが経済的か……44
3．次章への架け橋として……44

第3章　市民による農業参画の効果と有益性……47
第1節　半農半X……48

1．このような農業参画の定義 48
　　2．半農半X 49
　　3．ここまでの確認 50
　第2節　市民による農業参画の様々な効果・有益性 52
　　1．日常面での効果・有益性 52
　　　食の安心・安全面 53
　　　家計の経済面 53
　　　健康・精神面 54
　　2．環境面，またその他の面での効果・有益性 55
　　　ゴミ問題の是正　循環型社会・共生経済構築の礎 55
　　　化石燃料浪費の削減，二酸化炭素発生の削減 57
　　　中山間地域農業の振興 57
　　　都市と地方の結びつき 59
　　　貧困・失業・ワーキングプアの是正 61
　　3．照顧脚下　できることをできる範囲で 62
　第3節　ここまでのまとめと，次章以下への架け橋として 62

第4章　市民による農的参加の類型と特徴 67
　序　節　前章までとの関連で 67
　第1節　市民農園，一坪農園 70
　第2節　滞在型市民農園・クラインガルテン 72
　第3節　空き家バンク制度 74
　第4節　農地銀行制度 75
　第5節　オーナー制度 76
　第6節　ここまでの結論と求められるべき政策 77

第5章　半自給農の展開①　稲作のコストと技術 81
　第1節　稲作経営の実態把握 82
　　1．10a当たりの経費面 84

2．10a 当たりの収穫量と，販売した場合の収益 ……………………… 87
　　3．ここまでの結論① ……………………………………………………… 88
　　4．規模を拡大した場合の収支 …………………………………………… 88
　　5．農業用機械を購入した場合の比較 …………………………………… 89
　　6．ここまでの結論② ……………………………………………………… 91
　　7．事態の推移　問題の展開 ……………………………………………… 92
　第2節　各種の論調を再考する …………………………………………… 94
　第3節　稲作の不耕起有機栽培での取り組みと，慣行栽培との対比
　　　　　 …………………………………………………………………………… 95
　　1．半農半X，市民の農業参画からの打開案① ………………………… 96
　　2．不耕起有機栽培の実際と，特にその経費 …………………………… 98
　　　一人当たりの米自給に要する面積・規模 ……………………………… 98
　　　労働時間と費用（不耕起有機栽培と慣行栽培との各工程・収支の
　　　　比較） ……………………………………………………………………… 99
　　3．半農半X，市民の農業参画からの打開案② …………………………101
　第4節　本章の終わりに ……………………………………………………103

第6章　半自給農の展開②　エネルギー収支とスモールメリット
　　　 ………………………………………………………………………………107
　第1節　エネルギー収支という問題 ………………………………………108
　　1．慣行農法，農薬，化学肥料 ……………………………………………108
　　2．石油依存の農業の現状 …………………………………………………111
　　3．エネルギー収支の研究①（ピメンテル） ……………………………112
　　4．エネルギー収支の研究②（日本の場合） ……………………………115
　　5．人口爆発の問題との関連で ……………………………………………117
　　6．エネルギー収支の現状 …………………………………………………118
　　7．改めて問題点を考える …………………………………………………119
　　8．本書前章までとの関連で実行案を考える ……………………………120
　第2節　家庭内供給的な自家消費小規模農業の利便性 …………………121

1．市場メカニズムからの独立 ………………………………………… 123
　　2．スケールメリットとの逆の論理 …………………………………… 126
　　3．リスクからの解放 …………………………………………………… 130
　　4．本章・本節のまとめ ………………………………………………… 132

第7章　半自給農の展開③　エコロジー分野への寄与 …………… 137
　第1節　スローフード，ロハスとの一致点と連携 ……………………… 138
　　1．スローフード運動 …………………………………………………… 138
　　2．ロハス ………………………………………………………………… 139
　　3．足下の動き …………………………………………………………… 139
　　4．米の販売価格の現状 ………………………………………………… 141
　　5．中抜き現象　産消提携 ……………………………………………… 144
　　6．玄米食ブーム ………………………………………………………… 146
　　7．消費者・市民の農的参加との関連で ……………………………… 148
　第2節　有機農業・循環共生型農業によるビオトープ論 ……………… 149
　　1．ビオトープ …………………………………………………………… 149
　　2．ビオトープの減少と慣行農法との関連① ………………………… 150
　　3．食物連鎖の法則，自然生態系のバランス ………………………… 151
　　4．ビオトープの減少と慣行農法との関連② ………………………… 153
　　5．消費者・市民の農的参加とビオトープの保護 …………………… 156
　第3節　過剰裕福化論・生活水準低下論に対して ……………………… 159

第8章　市民による半自給農の世界をめぐって　Q＆A …………… 163

参照文献 …………………………………………………………………………… 172

あとがき …………………………………………………………………………… 177

第1章　市民が農的かかわりを求める時代に

本章のねらい

　まず最初に本章では，日本の食と農をめぐるいくつかの問題を確認している。その問題に対して，一般の方々・一市民・一消費者ができることを同時に探っていくのが，本書全体の趣旨であるが，本書で着目しているのは一般の方々の農業参画の流行である。本章で述べるいくつかの要因から，近年数々の場と形態で，農家ではない一般の方々でも簡単にできる農業が見直され，それへの参加熱が非常に高まっている。農に対して新しい風が吹いてきたような，この現象に着目したい。

　一般の方々・一市民・一消費者，いわば非農家でありながら，農業の素人でありながら，農業に参画し，そこからもたらされる様々な効果を本書では大いに示していくことになる。こうした非農家の農業参画は，従来，統計的な把握からも外され，そして農業政策的な側面からも対象とされず，考慮されなかったものであるが，今後の存在意義は非常に多いと考えられる。本章ではそうした概括的な状況を語っていく。

　同時にまた，巷説(こうせつ)よく聞かされる日本の農業への政策見解として，代表的なものを対比・対照させてみた。としたのも，各見解の中で，いわゆる都市伝説となっているような俗説・通俗的な部分を本書で剥がしていく。これも本書の一つの趣旨となっているからである。

序節　日本における食と農の問題と市民の農業志向

1．日本の食と農をめぐる数々の問題

　わが国の食，そして食の主な供給基盤である日本の農業，これらを今後いったいどうしていくべきか，これについては何も今さら問題視されだしたことではない。すでに高度成長期以来指摘され検討されてきたことではあるが，特に近年においてはいくつかの問題がからみ，状況が錯綜するとともに，議論が盛り上がり活発化してきている。特に政治面や選挙・政策論争，そして昨今のTPP参加の是非等々とからんで，今後わが国の食と農をこれから本当にどうしていくべきなのか，これは市井の中で大きくクローズアップされてきている今日的論題である。

　ここ序節で，いったん問題点を概観しておくことが，後との関連で有益であろう。わが国の食と農に関して現在クローズアップされている問題を，ここで思いつくままに羅列してみるだけでも，次の諸問題がある。

　本章の補節でも見ていくが，まず何と言っても，わが国の低迷する食料自給率の問題。そして「人口爆発」とも言われるほど増加し続ける人口の増加に対して，将来日本において十分な食が確保できるのかという問題。食品メーカーの衛生・管理体制の杜撰さや，産地偽装に代表されるような様々な偽装の問題，これらとからんで食に関するいわゆる安心安全性の問題。フードマイレージの問題（日本のフードマイレージは一番高く，食料が輸入品に頼りすぎており，それも遠方から数ヶ月かけて原油を大量に消費しながら大型タンカーで運んでくるというのは，輸入食料品の安心安全性の面とは別な観点から，環境や資源の面から見て，問題や疑問があるという指摘）。

　農業の方に目を転じても，同様に問題は山積状態である。本書で後にも示していくが，まず国内農業における経営上の多難さの問題。そこから派生する後継者不足の問題。中山間地域での人口減少と限界集落の問題[1]。ここから増加し続ける耕作放棄地の問題。消費者の方でも，上記のような安心・安全面の追求から，有機栽培・有機農産物の必要性を求めているのであるが，その有機栽

培・有機農産物の発展と展開は停滞し低迷している状況[2]。

　このように思いつくままに問題を挙げてみたが，さて筆者は評論家のような立場から，また机上の学問のような観点から問題を論じ，説き進めていこうというものではない。また危機を謳い，危機感を募らせようとしているものでもない。本書はこうした問題が山積・錯綜する状況下，個人・一消費者・一市民として，何かできることはないものなのか，これを積極的に考えていくものである。

　既存の状況下，事態を憂いながら，そこで一消費者・一市民としてどうすればよいのか，何かできることはないものなのかと，苦悶したり模索している方々は多くいるところであろう。しかし，さりとて当事者でない者が何をし，いったい何ができるというのか。日本の農業を保護すべき論調に依拠し，保護だけ訴え，必要となる負担金額だけ支払えばよいのであろうか。あるいはまた食料自給率の低下を憂え，自ら一目散に農村に赴き，農家となって，米作り・野菜作りを行なうとしても，目下，農業用の機械がなければ，農業はとても不可能。しかし機械に依存しなければならない現代農法の轍を踏んでいく限りでは，米作りは収支上採算性がなく，米など安い輸入米を購入してすませた方が経済的だという見解も知らされることとなるのかもしれない。

　このように問題がさらに錯綜する状況下，しかしあえて事態の一端でも打開する道はないものかどうか。解決には多難な状況であるが，改めて我々は何もできないものなのであろうか。過ぎ行くままに傍観し，手放しておくだけでよいのかどうか。できることがあるすれば，それは何か。これを改めて考えたい。いや，考えずにはいられない。人間の経済，地域社会，農業，環境，これらは互いに関係しあっていることは解っている。では，その中で，農家でない者でもできることとは何か。何から始め，何から手をつけていけばよいのか。当事者ではない一市民・一消費者でも何かできることとすれば，それは何か。何かあるように思われるのだが。それは何か？

　このように，たとえ直接的な当事者でない立場の者であったとしても，食料問題・農業問題に関していったい何ができるのかを，本書では考え提示していくこととなる。

2．市民の農業参画の流行　農に対する飢え

　上記では農家の経営上の多難さ，後継者不足，中山間地域の荒廃と耕作放棄地の拡大，このような日本農業の過酷な状況と斜陽化の現状を指摘し，この詳細については後の章でも確認していくことになるが，かように悲観すべき状況下であっても，しかし不思議なことに，これとはまったくと言っていいほど別な動きも出ている。農業の低迷と斜陽化が進行する中で，完全に農業など見向きもせずやりたくない，農業など敬遠という人ばかり，「Oh, no（農）！」と思いきや，どうもそうでもないらしい。それどころか逆に，ある所・ある方々の間では農業への関心，そして農業への参画希望が非常に強くなっている。このような従来とは完全に逆転した，正反対の動きがあるのである。

　どのような方々の間でか。専門の農家，俗にいう専業農家の過酷な状況，特に稲作経営の過酷な状況は，うすうすご承知のことと思われる。その点に関しては本書でも後の第5章で詳しく示していくのだが，それでもこうした中で農業に関心ある者，農業に参加したい者，実際に参画している者，彼ら・彼女らがどのような人たちかと言うと，専門の農家ではなくて，非農家，いわゆる農地を持たない素人の方たちである。彼らの中に農業への関心が高く，形態は様々にせよ，何しろ小規模で行なえる農業への志向が特に強いようである。そしてそうした方々が，非常に多くいるのである。これがつまり，昨今のいわゆる素人農業のブームであり，小規模農業の流行である。

　時代が成熟してきたと言うか，または変わってきたと言うべきか，何しろ農に対して新しい思考（志向）・見方・考え，新しい風が吹いてきているのを感じざるをえない。考えてみれば農業とは，専門の農家が行なうだけのものではなく，その占有物でもなかったのである。農業（あるいは広く「農」）とは，様々なスタイルがある幅広いものであって，またその参加の形態は，（あるいはまた直接農業に携わらず土に触れることなく，広く農業に参画していこうという形態も）実に多様であって良かったのである。そして，そうした様々な形態，特に大規模でない小規模の農業に参画していきたい人々が，近年多く登場してきたのである。筆者はこれらの事象に着目したい。

具体例を挙げて見てみよう。すでに読者におかれてもお察しのことと思われるが，都会あるいは地方に関わらず，近年，農業がブームであって，農業の実体験を追求する動きやら，農業に参画する風潮・雰囲気がいろいろな方面で現れ出ている。これらを読者も実際，世相から感じられていることであろう。現実にも非農家であって農業に参加する希望者，あるいは形態は多様であるが，野菜などを自ら栽培して消費していく，家庭内供給の自家消費的な小規模農業が徐々にあるいは大いに増えている。小規模というミクロ的な展開にせよ，非農家の農業参画，家庭内供給的な小規模農業が，このように普及・発展・浸透しているのである[3]。

　例えば，書店では家庭菜園を始めとした農業関連の書物が書架をにぎわしているし，テレビ他マスメディアの分野でも同様の情報関連番組を多く目にする。専門職として農家に就業するという人も以前より若干増えているのだが，敷居の高い専門職の農家に就農となると，かなりの覚悟やリスクが伴う。そうではなくて，非農家として，日常の空き時間を利用した形で，「義務としての労働（labor）」でない，いわば「楽しみながらの労働（play）」として，農業参画にいそしむことが広まっているのである[4]。

　その参画の形態も様々である。第4章で詳しく触れていくが，一例を挙げれば，キッチン菜園，ベランダ菜園，プランター菜園，一坪農園，援農，週末農業（土日農業），定年帰農，クラインガルテン，棚田他のオーナー制，グリーンツーリズム，田舎暮らし，そして半農半Xと，形態は様々である[5]。形態は様々であれ，このように農業に参画していこうとする動き，あるいは「農に対する飢え」と言ってもよいかもしれない，こうした動きが如実に現れているのである。

　特にそうした農家でない非農家の小規模農業，家庭内供給を中心とする自家消費の農業への志向・希望は，いわゆる都会において強いようである。これも第4章で詳しく示してくが，例証として，一坪農園や市民農園の参加希望者は都会に行くほど多い。地方でも一坪農園があるが，それはすでに満杯の所が多いであろう。地方でもこの様であるから，そうした一坪農園の参加希望者は都会へ行けば行くほど多く，逆に都心に近づけば近づくほど土地・農地が少なく

クラインガルテン①

クラインガルテン②

なって,一坪農園などを借り受けて農業にいそしむことは困難となる。このようなことから,一坪農園の取得は現在ほとんど"抽選"であろう。この競争率

一坪農園

も極めて高く，通常ではなかなか当たらないほどである。

都会ではこうして小規模にせよ農地を借りて農業にいそしむことができないと状況となると，いわゆる地方に目が向けられる。注目されているものの中にクラインガルテンがある。これも実に参加希望者が多い。やはり入居は抽選である。クラインガルテンというと，最初に年間およそ30～40万円の入居料を払わなければならない。いささか高額すぎはしないかと思われるのであるが，後の章でも示すように，その額を払ってでも入居して家庭内供給的な小規模農業を行なってみたいというわけである。これほどまでに素人・非農家であって農業参画希望者は多くいる。こうした要求と需要のほどを誰かがキャッチし見直すべきである。

本書でさきに「農に対する飢え」と表現したのは，このような状況からである。さきとは違ったまさに驚きの意味で，「Oh, no（農）！」である。

3．市民の農業参画志向の要因を考える

しかしなぜこのように素人農業，素人・非農家の方々にとって農への関心が

広まり強くなり，参加希望者が多くなりだしたのか。この点をここで若干考えておきたい。

　まずその要因の一つとして，彼らにあっては食に関していわゆる特別な"こだわり"が強くなってきたのではなかろうか。あるいは最近の状況からして，こだわらざるをえなくなったのではないか。こだわりといっても，高級品志向や衒示的な見せびらかしのこだわりではない。本節1で示したように，今日の食に関して，特に品質の問題また安心・安全の面でのこだわりが否応なく強くなっているのである。これが要因の一つではあるまいか。

　食品の偽装問題他様々な問題，また企業のモラルの低下から，消費者にあっては食に関する安心・安全志向が高まり強まっている今日，一つには「顔の見える取引」が志向されてきている。このように安心・安全志向が高まってきているとなると，自らが実際に耕作し，野菜などを栽培していくとなれば，安心・安全性の面で十分な確実性が保証できる。また安心・安全面の他に，自身が耕作・栽培することによって，経済的な節約節倹性が生まれてくる。さらに自らが耕作・栽培そして生産すること，土と触れ合うことによって，働くことの喜びと充足感，自然との一体感・充実感，これらが満喫できる。都会にはないこうした自然志向，それも農作業を通じて自然と触れ合う快感と嗜好が，近年非常に強まっているのではないか。

　また第二に，小規模農業には就農・専門農家にはない即行性がある。専門の農家に就農というとかなり敷居は高く，さらにそれで言わば食っていかなければならないとなると，未知な部分もあり，またリスクも考えなければならない。いきなり就農となると，こうした不安があるのが当然である。しかし，あえて就農ではなく，非農家が言わば素人として，日常生活の空き時間の中で，それも小規模な農業を行なうとすれば，かような不安は皆無である。こうした利便性がある。

　このような一市民・消費者・非農家の小規模農業参画の利便性こそ，本書の一つのテーマとするものであり，後の章で大いに取り上げ，詳しく示していくこととなる。

4．ギャップの解消に向けて

　本節1のように，ある所では農家・農村の荒廃，後継者不足，農業の斜陽化が進むにもかかわらず，片や別の所では本節2のように農業の参画希望者が多くいるのである。逆に言えば，このように参画希望者がいるにもかかわらず，1で見たように日本の農業は低迷し，農村は荒廃しているのである。これもまた矛盾というか，大いなるギャップである。こうした背反する状況下，いや農業参画希望者がある程度いる状況下，ずるずるとこのままわが国の農業を，食料自給率の低下と同時に衰退させてしまうわけにはいかないであろう。

　何とかこの素人農業というか，非農家でありながら農業に興味・関心のある人たち，他に仕事を持ちながらも農業にいそしみ参画したいという人たち，そして実際に参画されている方々，これらの方々の力をさらに活かすべく，拝借したいところである。

　本書ではこのような状況の詳細に光を当て，さらに上記のギャップを縮小させていく方向性を示していきたい。そしてさらにはこれらを通じて，今まで確認した日本の食と農に関する問題に関して，新たな方向から光を当て，わずかであれ是正の道となるべく貢献したい。これが本書のさらなるテーマである。

第1節　市民の農業参画，自家消費的な小規模農業の展開　その序論

1．農家でない方々に是正の道を求める要因のいくつか

　本論に入っていく前に，ここでいったん立ち止まって再考しておく。それにしても，食と農に関して是正の道筋を，そもそもその大元や本業である専門の農家を対象とせず，非農家いわば農業の素人に見出すとは，お門違いもはなはだしい見解と思考（および指向）かもしれない。これで本当に混迷する日本の食と農の問題に，解決の道が開かれるものなのかどうか。素人に何ができるというのか。ふざけた話と思っていらっしゃる読者は多いかもしれない。

　しかし，状況を憂う者，それがたとえ農業の素人であったとしても，それなりに何かができるはずである。今まで述べてきた問題状況を見て，手をこまね

いていることはできず，何かできることをしなければならない，そして行ないたいと考える方々は多くいるはず。現実と実際を見ても，非農家の農業参画は隆盛で活発になっているではないか。こうした，たとえ素人の力であったにせよ，その活動と効果が食と農の何も全面的な解決に至らないにせよ，既述の問題解決・是正の一助にまったくならないわけはない。本書はそのように考える方々，またそうした分野で実際に動き出している方々に向けての提言となる。

　誤解のないように断っておくが，筆者は専門の農家への政策，かねてよりの農業政策がだめであるから，専門の農家を見放して，素人に是正の道筋を見ている，というわけではない。専門の農家と農業政策，それはそれとしておきながら，それ以外に，前節のように非農家でありながら農業に関心を持ち，非農家ながらの小規模農業への参画希望者が多くいる，このことから，それを活かすべく，そうした方々に向けての提言であることを確認されたい。

　これにはさらに以下の着眼点がある。非農家の農業参画が持つ利便性や有効性は後に詳しく述べるとして，今まで考慮されず見失われていた点として，次の二点を指摘したい。まず，かつてそうした非農家・素人農業を論じたもの・研究・政策は，希少であったのではあるまいか[6]。そして研究対象，政策提言，その論理・主張は，専ら専門の農家を対象としたものがほとんどであったと考えられる[7]。今まで本書ではあえて「素人農業」とも表記してきたが，その素人というだけで専門家筋からは違和感を持たれ敬遠されたことかとも思われる。

　つまり従来の政策では専門の農家，従来の言葉で言うところの専業農家・兼業農家を対象としていたため，かような非農家，ましてや素人農業というものは政策の対象として一顧だに考慮されなかったのである。しかし前節で見たように，そして特に本書第4章で見るように，これらの方々の存在は見過ごせないばかりか，かなりのマンパワーを持つところとなっている。従来統計からはずされ，光が当たらず垣間見られなかった素人農業，非農家の農業参画，これを新たな一分野として開拓し，そこに光を照射させながら，かつ積極的な展開を本書では試みていきたいと考えている。

　その上でさらに重要なのは，専門の農家，それと非農家・素人農業，この両

者・両面・両側からの取り組みであって，これが必要と考えられる。目指すは，専門・素人いずれか片側だけの追究ではなくて，専門・素人の二人三脚のような，両者をタイアップした取り組みと活動ではなかろうか。消費者・都市住民を含めた様々な方々の取り組みと活動が必要であって[8]，要は，今までの状況を鑑み，素人であれ専門家であれ，できることを，できる範囲で行なっていく，こうした至言を改めて胸に刻みたいところである。

2．一市民の農業参画の実際　筆者の場合

　実は筆者は，非農家でありながら素人的に，小規模な農業に実際携わっている。その土地は借地で約1反（約10a，300坪）。エンジン付き農業用の機械は所持していない。これらに関しては次章で詳述するが，実はこうした取り組みを実際に行ない，素人・非農家ながら農業に携わっていると，取り組みや実践経験からして，非農家の農業参画，素人農業ながらの小規模農業の展開には，誠に世に出すべき多くの観点・論点，有益な点が含まれていることが解ってきた。それを本書で説いていくことになる。

　その一端を概観しておくと，前節でも少し触れたが，専門の農家になる・就農というと，一般の人にとっては敷居が高すぎるのではあるまいか。農家となって，農業を生業として本当に生活が成り立つのか。見てきたように，食への安心安全志向が高まっており，さらには農業がブームというのは解るものの，ではさていきなり農家へと転身・船出して本当にやっていけるものなのかどうか。未知な部分は多く，リスクも当然覚悟しなければならない。ここに大きな問題があるのである。

　しかし，生業としてではなく，いわば趣味あるいはそれが高じた形，または他に生計の手段を持ちながら，余暇あるいは日常生活の一部として農業にいそしむのであるならば，リスクはまったくない。ここにこそ素人農業が持つ利便性，専門の農家への転身にはない実行上の利点が，まず第一に存在するのである。素人農業のほとんどの方がそうした利点に基づいて，農業に関わっているのであろう。

　このように，本書は専門の農家・農業に向けてではなく，非農家でありがら

農業参画の希望者が多く存在することから、そうした方々に向けて、家庭内供給や自家消費を中心とした小規模農業の実行の利便性、小規模の素人農業だからこそ持ちえる様々な特長と有効性、あるいは小規模農業の魅力と言ってもよい、これらを本書で提示しながら大きく訴えていくこととなる。そして、それらが様々な波及効果をもたらすことを示し、その波及効果が前節で触れてきた現在の諸問題に対して、どのような解決の道を開いていくか、これらを同時に提示し提起していく。

こうして本書は、非農家の農業参画によって、食・農・環境を再生していくことを企図しているものであり、同時にその形態・方法として、非農家の農的参加による循環型社会・共生経済の構築を目指すものである。

3．次章への架け橋として　問題点の先取り

そこでまず、素人農業・非農家の農業参画、これに関してあらかじめこちらから察した読者のおおよその疑問点・問題は、以下の諸点ではあるまいか。

市民や非農家の農業参画といってもどういう形態があるのか。具体的にどういう形態で実行可能なのか。専門の農家とどう違うのか。

さらには家庭菜園ほどの経験くらいしかない者が、農業に参加可能かどうか。通常のサラリーマンは可能なのかどうか。できるとすれば、何がどこまで可能なのか。非農家であれば、農業用の機械すら持ち合わせていない、そうした者でも本当に可能なのか。

稲作・米作りに関しても、農家でない者が可能かどうか。いかんせん稲作・米作りとなると、大事(おおごと)すぎ多難な感がある。

自家生産と自給体制への志向が叫ばれているが、完全なる自給自足の確立は不可能にしても、ある程度の自給に向けてとなると、それを可能にする規模・土地面積、そして必要な労働時間、経費、これらはどのくらいなのか。

その場合、食材を購入してすませたケースと比較して、自ら生産したケースとでは、どちらが経済的なのか。採算が合うのか。いわゆる元が取れるのか。実際の農家ですら、米作りは採算が合わない、米など買って食った方がいいとまで言っているが、その点はどうなのか。

無農薬・有機栽培による農業の大切さを聞いたが，それが個人で素人に実行可能かどうか。有機農業に関して，手間とコストがかかりすぎるという指摘を聞いているが，専門の農家ですらかような状況であれば，非農家の農業ではやはり無理なのでないか。

非農家の農業参画によって，どういう有益性や有効性が生じるのか。それが昨今の諸問題に対してどういう是正のルートを持つのか。

これらではあるまいか。

すでにこうした疑問と問題が登場してきている。すでにこれらについて軽く触れてきた事柄もあるが，この詳細についてはやはり以下の章で，筆者の実際の取り組みと実践形態を基に示していくことが，自ずと一つの答えになるはずである。

しかし，ひとまず上記の問いかけに対して，ここで総括的に答えておくのが有効・有益であろうか。その総括的な回答とすれば，「農業」（あるいはもっとくだけた言い方をして「土いじり」）に，興味関心のある方であれば，さほどの心配さと多難さはない，安心して実行していただきたい，とこのように概略答えておきたい。ではその詳細について，次章以降で示していく。

第2節　既存の農業政策に関する各種の論調を確認

いきなり本論に入る前に，本書の展開上，以下の点を追加して確認しておくことが有益と考える。それは農業政策に関する流布した既存の見解である。

わが国の食そして農を今後どうしていくべきか，これに関する主張または政策展開として，この日本あるいは日本人の中には，今およそ以下見る次の二つが，基本的見解・立場としてあるのではないだろうか。本書の展開上，ここでその二つを簡単にでも伺っておくことが有益である。出典は逐一省くが[9]，現在日本の食，そしてその基盤である国内の農業および農業生産を振興させ活性化させていくために採られるべき政策，または考え・立場として，代表的なものは次の二つの見解に大きく分かれていると考えられる。そしてまた，その二つは以下見るように相対立するところとなっている。

1．主張①

　代表的なものの一つとして，市場原理・需給法則の徹底化，輸入自由化促進，関税撤廃，米でも安価な輸入米と太刀打ちできる内外価格差の縮小を求める論調であり，そのためには農家の経営効率の向上，大規模化・規模拡大を求める，このような主張・考えが巷間で聞かされる。

　特に，農家は日本の主食の米を作っているとは言え，従来から保護され続けてきたと主張する。政策・補助金・関税他さまざまな形で保護され続け，その結果，競争力がなくなり，特に日本の米は，世界的な水準から見て，未だあまりに高額であると。さらに農業の現状を見てみれば，現在高齢化と後継者不足という大きな問題を抱えている。今までと同じような形では日本の農業の先行きは真っ暗である。どうにか改善していかなければならない。

　打開する一つの方法としては，主食の米であっても，数々の農産物を，そして農業生産というものを，市場の論理，自由競争の原理，価格メカニズムの原理，企業の論理，需要と供給の論理，これらにさらさなければならない。これによって，他の産業でもそうであったと同様に，真に必要とされるものを，それも安価に作れる者が，消費者からは慕われ，市場では生き残っていく。そうした優勝劣敗，適者生存，努力した者が報われる，このような社会と政策に，農業であっても切り替えていかなければならない。こうした論調である。

　これに加わるのは，国の財政が大赤字である点，さらにはグローバル化やグローバリズムの波である。国の財政が大赤字である以上，予算上これ以上の支出負担はできないし，保護する政策を採り続けることはできない。自らの自助努力や自己責任でもって，道を切り開いてもらわねばならない。

　そこで，もはや機械化によって生産に必要な労働量も低下し，簡単に作れるはずの米をはじめとした農産物が，消費者の需要も多様になった今日，なぜに高額であり続ける必要があるのか。それを関税やもろもろの政策で，なぜ外国から保護し続けなければならないのか。今後グローバル化・国際化の波はもはや止めようもなく，この先必ず安価な外国産の米の輸入自由化に踏みきらなければならない。

何しろ消費者も，輸入によって安価なものが入手できることを望んでいるはず。また米の輸入を自由化することによって，今まで過保護体質であった稲作農家の経営改善には丁度よい。稲作農家は国際化と競争の過程で，体質が強化されていく。そのことによって，さらに米価は安価に推移するはずで，ただでさえも国際的に高い米を食べさせられている日本の消費者にとっては，自由化は誠に喜ばしい機会であると。

　以上を遂行させるための具体的な政策としては，農業にかかっている従来の様々な補助や保護政策も止め，輸入米にかかっている関税も縮小するか廃止する。織田信長ではないが「楽市楽座」の方策を採って，民間企業でも外国企業でも何でも，新規参入者が何ら障壁なしに当該分野に自由に参入できるようにし，農業分野を活性化させる。そうした過当競争的状況においてこそ，本当にやる気があって，勝ち抜くためのノウハウを持った，活力ある農家が育成されていくのである。

　また日本の農業・稲作の最大の欠点は，小規模でコストがかかりすぎる点にある。これを改善するのが大規模化や規模拡大である。これによってスケールメリットが生まれ，経営と効率の改善が果たされ，さらにコストの削減が追求されていく。そうすれば米は安価に生産可能となる。

　こうして，国際市場で匹敵する生産価格・販売価格での米作りを可能にし，国際市場に積極的に売り込む。買い手側は新興国の富裕層などに多くいる。

　これらの政策を断行して，日本の農業や稲作経営を改善していかなければならない。

　およそこのような論調である。

2．主張②

　①の主張とは当然逆なものもある。それは農産物の完全輸入自由化には反対，国内の農業・稲作経営は保護すべきで，自給率を引き上げるべきとする論調である。

　詳しく伺うと，①で言うように競争型の社会経済に，そもそも食と農というものを参加させるべきではない。またそれにて解決を図るべき類のものではな

い。そのような経済競争のレースに参加させれば，たとえ一時は勝つことがあるかもしれないが，いずれか・どこかで負けることが必ず来るのであって，食そしてその基盤である農というものは，そもそもがそうした競争型の原理や方向性，また政策や方策で是正すべきものではないのである。

　例えば，大規模化や経営の拡大を果たしても，輸入米と同じほど，安価に米が生産でき供給できるとは，わが国の場合そもそも限らない。広大な規模と面積を持つアメリカやオーストラリアと比較して，狭小な日本がいくら規模拡大を果たしてコストを削減したとしても，どだい価格の面では他の工業製品と同様な太刀打ちはできないであろう。

　価格やコストの面で言えば，米農家の生産価格水準に問題があるのでなく，流通ルートやあるいはまた農業用機械や肥料，そして原材料の価格水準に，そもそも問題があるのである。もはや日本の生産者米価は，原価倒れぎりぎりの水準にまで下がっているのが現状である。大規模化すれば上記のようなプロセスが働くというのは，単純すぎる論理か幻想である。

　食料自給率が40％以下と，これほどまでに下がった日本は，食料主権・食料安保の面から見ても，何とかして自給率を引き上げなければならない。世界各国から輸入米を安価に，金さえ出せば購入できるということが，未来永劫続くはずがない。

　消費者が望んでいるのは，低価格もさることながら，安心・安全性の面であり，この点を価格以上に重視しなければならない。今まさに，国内産の有機農業・有機農産物が消費者の注目するところとなっているではないか。なぜ安心に自給できるはずの米を，土地があるにも関わらず生産し供給するのを放棄し，なぜ外国からわざわざ輸入しなければならないのか。一国の主食まで完全に輸入に依存してしまうことは危険であり，もはや現在，安全面とともに自給率を引き上げる必要がある。であるから，輸入自由化の促進ではなく，米を中心とした国内農業のある程度の保護を求めなければならない。

　農業の価値は食料の生産と供給だけにあるのではない。例えば水田や棚田の土木潅漑作用は，下流域を洪水や水害から防いでくれるものであり，農業そのものが水の保全や土の保全，その他，大気や生物といった自然環境を守ってい

くものである。また，景観の面や，近年の食育の面でも必要なものである。このように農業には多面的価値や機能があり，経済効果は計り知れないものがある。何とか保存し，さらに保護していかなければならないのである。

こうした観点からすれば，農業あるいは稲作には，そしてそれらを行なっている農家に対して，政策的に一定の保護を与えることは当然のことと言える。具体的には，関税をかけて保護することは止むをえないし，価格面以外に様々な補助金を出すことも止むをえないのである。これらに関して国際的な面から見ても，日本は特異な存在では決してない。主要先進国は価格保証や不足払い制度等々，何らかの形で農業を保護しているのが，今日国際的な姿ではないか。日本においてもそのような政策を採っていくことは，当然のことと言える。

このように，何しろ農業・農家・稲作を一途な大規模化や規模拡大によって，苛烈な国際競争市場に強制的に編入させるのでなく，ある程度の保護を与えながら，国内の自給率を向上させ，同時に農薬や化学肥料を減らした国内産の減農薬や有機栽培の農産物を大いに振興させ，農業・稲作を中心として日本の自然環境を守り，今後それらと共生していくべきである。

こうした論調がある。

3．本書での展開

以上，代表的そして相対立する二つの主張と見解を確認した。①と②はあえて両極端のものを対照させて示したが，当然①・②の折衷案なり中間案もあるのであって，例えば②のような食料主権の立場を取る論者でも，実際の農業振興策としては，大規模化と経営効率の改善を果して，市場の論理，自由競争・価格メカニズムの原理，企業の論理に日本の農業をさらすべきとの見解もある。実際は各者各様の見解となろう。このような両者あるいは様々な見解の中でいずれが正しいのか，これらの真贋を問うのが本書の主たる目的ではないのだが，こうした相対立する主張と見解に対して本書で通底する主張をあらかじめ示しておくとすれば，次のとおりとなる。

それは，上記両者の見解はそれなりに一応理あるところとしておくが，しかし筆者は本書において，①の見解のいくつかの通俗・俗説的な部分を剥がし，

②の主張や立場を重要視し，同時に②で言われている現状のいくつかの詳細を示し，さらに②の見解と主張を実効性あるものとして高めていく。そしてそのための新たな担い手・勢力として，一市民・一消費者の農業参画を訴えていく。

　これが序節・第１節とは別な観点から，本節であらかじめ加えて示しておきたい，本書の全体を通底する趣旨でもある。このようにさきに断っておくとよいであろう。

補節　日本の食料自給率，耕作放棄地の現状

　わが国の食料自給率の問題，そして農業の中山間地域での現象と耕作放棄地の問題を，本章ですでに語っているが，これは当事者・識者あるいは状況を少しでも知る者の間では，あまりに有名な事実であって，共通認識事項である。そのため本章では，詳細を割愛してきた面もある。だが，本書の後との論述の関連上，必要な限りで紹介しておくとすれば次のとおりである。

荒地①

状況をすでに熟知されている方は，この補節はあえて確認されずともよいであろう。

荒地②（手前左は慣行水田）

荒地③

1．食料自給率の低下

　まず，すでにご承知の方は多いだろうが，日本の食料自給率はカロリーベース（供給熱量）で近年およそ40％の水準である（以下表1-1を参照[10]）。カロリーベースで40％ということは，普段日常的に食している食品や料理の中で，自給あるいは国内産のものが単純平均で約4割ということになる。よって，その他の6割のものは輸入，つまりは外国産のものに日本の食は依存しているということである。

　わが国の主食の米であっても自給率は95％くらいである。知ってのとおり，稲作・米は日本国内で自給できないはずはない。米は作りすぎ，余るほどの状況で，減反すら行なわれている。自給できるのだけれども，ミニマムアクセスということで，輸入することになっている。

　食料自給率の水準を他の国々と比較してみると，表1-1の他に，農林水産省がホームページ「世界の食料自給率」で示している主要先進国13ヵ国の中で，日本の食料自給率（カロリーベース）は最下位である。

表1-1　主要国の食料自給率（カロリーベース）の推移

(単位：%)

年度	日本	アメリカ	ドイツ	フランス	イタリア	イギリス	韓国
1965	73	117	66	109	88	45	－
1975	54	146	73	117	83	48	－
1985	43	142	85	135	77	72	－
1995	40	129	88	131	77	76	51
2005	40	123	85	129	70	69	45
2006	39	120	77	121	61	69	45
2007	40	124	80	111	63	65	44
2008	41	－	－	－	－	－	49
2009	40	－	－	－	－	－	－
2010	39	－	－	－	－	－	－

資料：「農林水産省のホームページ」「農林水産省／食料自給率の部屋」(http://www.maff.go.jp/j/zyukyu/index.html) の，「日本の食料自給率」「食料自給率の推移」(http://www.maff.go.jp/j/zyukyu/fbs/pdf/22sankou4.pdf)，「世界の食料自給率」「諸外国・地域の食料自給率（カロリーベース）の推移（1961～2009）（試算等）」(http://www.maff.go.jp/j/zyukyu/zikyu_ritu/other/2007-foreign-country-sankou5.xls) より作成。

さらに日本の食料自給率の年次的な推移を見ていった場合，日本の食料自給率は明らかに低下し続けている（要因は後に触れていく）。諸外国，特にヨーロッパ各国は，第二次世界大戦後，戦争の荒廃から食料自給率は低かった。特にイギリスは現在の日本と同じ40％程度だったのだが，日本と違うのは，イギリスやドイツは戦争時の食料難の教訓からか，食料自給率の引き上げを戦後追求し，実際に自給率を引き上げてきたところにある。日本はその逆で，食料自給率を引き下げてきた。1965年に70％台であったわが国の食料自給率は，75～80年は50％台になり，そして90年に40％台になっている（ちなみに，カロリーベースでなく生産額ベースで見た食料自給率は，わが国の場合2010年で69％となっているが，これも低下している傾向に違いはない）。

主要先進国中最下位，食料を海外から輸入しなければならない日本の食の実状，そしてさらに低下し続ける自給率とはこうした問題を言うのだが，さらに輪をかけるように，ついに2006年の食料自給率（カロリーベース）は40％を切り，39％になったのは有名な話である。

こうした状況下，日本政府も食料自給率の向上へと動き出し，啓発や取り組み活動を始めている。これが効を奏してか，その後の自給率の推移は，2007年に40％，その翌年の2008年には41％に戻った。このまま向上が期待できるかと思ったのもつかの間，その翌年の2009年に再び40％，そして2010年にまた39％に陥り，今日に来ている。

2．耕作放棄地の現状

耕作放棄地と言って，後に見るような理由で耕作されなくなった土地が，年々山手線内のおよそ2倍の面積で増加し，現在全国的規模では東京都の約1.8倍が耕作放棄地である[11]。

表1-2　耕作放棄地の推移

(1,000ha)

年　度	1975	1980	1985	1990	1995	2000	2005	2010
耕作放棄地	131	123	135	217	244	343	386	396

資料：農林水産省「2010年世界農林業センサス結果の概要」(http://www.maff.go.jp/j/tokei/census/afc/2010/gaiyou.html)。

食料また農産物は国内自給が必要だとされながらも，耕作の放棄された土地が年々広がり，作り手はいなくなっているのが現状である。日本には耕作されてしかるべき土地がありながら，耕作がなされず，農産物を輸入している。さらに既述のような低迷する食料自給率等々，様々な理由から自給率を引き上げるべき必要性がありながら，実際は耕作されずに，輸入食料品に頼り，あげくには事故米・汚染米が流通するようになった今日。これがこの国の現状であり現実である[12]。

注

1 ）本文で取り上げた日本の食と農の問題に関して，食料自給率の低下や耕作放棄地の問題に関しては，本章の補節で詳細に示していく。また，後の注12も参照。
2 ）有機栽培・有機農産物に関して実際の生産量と普及具合について確認していくと，有名な資料として，農林水産省生産局農業環境対策課「有機農業の推進について」（http://www.maff.go.jp/j/study/yuki_suisin/04/pdf/data8.pdf#search='有機農業の推進について'）がある。その中で特筆すべきデータとして，有機農産物の生産量は全体のわずか0.18％（2007年）を占めるにすぎない点を指摘している。この統計データは『美味しんぼ』101巻「食の安全」でも取り上げられている（雁屋・花咲［2008］p.204，ただし『美味しんぼ』のデータは2005年のもの）。
　統計上は一応このようになるのだが，実はこの点については，いくつかの見落とされている点がある。それについては後の注の7を参照。
3 ）この点に関しては，原［2001］，河野［2005］特には第一章，山本［2005］，瀧井［2007］，深澤［2008］，「NHK クローズアップ現代」No. 2923.「"週末ファーマー" 200万人の可能性」（2010年12月1日放送，http://cgi4.nhk.or.jp/gendai/kiroku/detail.cgi?content_id=2973）を参照。
　なお，こうした非農家の行なう農業に関する研究の整理としては，河野［2008, 2009］を参照。
4 ）今後求められるのは，「義務としての労働（labor）」から「生きがいとしての労働（work）」へ，さらには「楽しみとしての労働（play）」への変化ではあるまいか。そして，さらには本書で順次論じていくことになるが，貨幣の流れや金額・賃金に尺度を置くことよりも，時間や生きがいの方を重要視していこうという観点と論理である。いわば，「カネ」から「トキ」を重視する思考である。この点に関しては各書で強調されているが，一例としては，余暇開発センター［1999］pp.44-53，内田［1993］p.20，宮本［2000］pp.20-21で，それぞれ同様な主張が展開されている。
5 ）注の3を参照。

6）市民の農的参加や非農家の農業参画，また素人農業に関しての文献整理と研究史の整理は，河野［2008，2009］に詳しい。それには収録されていないが，非農家の農業を訴える1990年代頃の主張として，明峯哲夫氏の研究と主張がある。明峯［1993］，明峯・石田［1999］を参照。
7）1990年から農家の定義は，「耕地面積が10a以上の個人世帯か，耕地面積が10a未満であれば年間農産物販売金額が15万円以上の個人世帯」となっている。そのうち，耕地面積が30a以上または年間の農産物販売金額が50万円以上の農家が「販売農家」であり，それ以外の農家が「自給的農家」という分類・区分となっている。

　　ここで，主な政策の対象となっている農家とは，上記の耕地面積が30a以上または年間の農産物販売金額が50万円以上の「販売農家」である。よってそれに満たない「自給的農家」は，政策の対象からも外されてしまいがちとなってしまうのである。そしてこのような把握と政策であるとなると，上記のような小規模の家庭内供給を中心とする自給的農家，さらには本文のような非農家・素人農業の活動は，まったくと言っていいほど政策の対象ともならず，さらには統計からも把握されないこととなってしまう。

　　これが従来，対象外として落とされていた盲点と死角ではないか。と言うのも，こうした自給的農家等々の活動こそが今日見落とされるべきではなく，重要なところである。

　　一例を挙げてみるが，既に本文と上記注の2で，有機栽培・有機農産物の停滞・低迷状況に触れていた。有機栽培・有機農産物に関して実際の生産量と普及具合について確認し，有名な資料として農林水産省生産局農業環境対策課「有機農業の推進について」から，有機農産物の生産量は全体のわずか0.18％（2007年）を占めるにすぎない点を指摘しておいた。

　　統計上はこのようになるのだが，注意すべきは，実はその数値把握は上記のように販売農家として把握できている限りの数値データである，という点である。既述のように，販売農家に満たない小規模の家庭内供給を中心とする自給的農家，さらに非農家・素人農業の活動は，まったくと言っていいほどこれらの統計からは排除され，把握されない。

　　実は，さらに本書第7章でも示していくが，自給的農家あるいは非農家であっても，有機農法あるいはそれに近い形で農業を行ない，生産している方々が多くいるのである。それが現行の農家の定義と把握では，統計に表れてこないことになる。

　　筆者が統計の盲点・死角，見失われていた点，光が当たらなかった点，これから新たな分野として光を当て開拓すべき点，このように言ったのは，以上の理由からである。
8）同様な主張は，河野［2005］p.1以下を参照。
9）参考として，本稿のような論争に関しては，『朝日新聞』2007年9月23日日刊，農業に関する各党のマニフェストは，『朝日新聞』2007年7月27日日刊，をそれぞ

れ参照。
10) これら食料自給率などの統計資料や数値に関しては，以下の資料を参照。「農林水産省のホームページ」の中にある「農林水産省／食料自給率の部屋」(http://www.maff.go.jp/j/zyukyu/index.html)，「食料自給率の推移」(http://www.maff.go.jp/j/zyukyu/fbs/pdf/22sankou4.pdf)。「世界の食料自給率」「諸外国・地域の食料自給率（カロリーベース）の推移（1961～2009）（試算等）」(http://www.maff.go.jp/j/zyukyu/zikyu_ritu/other/2007-foreign-country-sankou5.xls)。本文で示している食料自給率に関する統計データは，この資料からのものである。
11) 耕作放棄地については，農林水産省［2006］p.120，農林水産省大臣官房情報課［2007］pp.66-67より算出。
12) なお，この他に食と農の問題について，序節で触れた人口爆発との関連で食の確保の問題については，ウィキペディア「人口爆発」(http://ja.wikipedia.org/wiki/%E4%BA%BA%E5%8F%A3%E7%88%86%E7%99%BA)，資源エネルギー庁「エネルギー白書2010」(http://www.enecho.meti.go.jp/topics/hakusho/2010energyhtml/2-0.html【第201-1-5】世界人口の地域別推移と見通し)，T.R. Malthus［1798］．高野・大内［1925］［1962］特に第二章を参照。また，FAO（国際連合食糧農業機関）の「世界農業予測：2015-2030年」に基づいた，世界全体の食料の絶対的な不足状況に関する指摘として，河相［2008］p.101以降，西川［2008］を参照。さらにこの問題については，本書第6章でも関説していく。

　また，序節で触れたフードマイレージに関して，いくつかの統計から問題を詳解したものとして，中島［2004］pp.188-191を参照。

第2章 一市民による半自給農の実状
－筆者の実践をもとに－

本章のねらい

　この章では一市民としての筆者の農業参画，その具体的事例を示していく。筆者の実践活動・取り組みの詳細であるが，農家ではない素人農業でありながら，有機農法・循環型農業の形態で，畑・田とともにかなりの野菜と米が自給できている。それも農業用の機械をほとんど使わずに，手作業でである。これらの取り組みの詳細を示していく。

　同時に，得られる収穫量やら，かかる経費，そして必要な労働時間，これらの詳細も示してある。この数値を基に，野菜・米を購入してすませた方が得か，また自ら手を下して作った方がいいのか，これらの点について明らかにした。前章第1節の末尾で問題点の先取りとして発した問いに対して，本章がかなりの程度答えの章となっているはずである。

　経済的な側面あるいは金銭的な尺度での評価と比較は，引き続き後の第4章において検討していくのであるが，そうした金銭的尺度以外での重要な側面が非農家の農業参画にはあるのであって，それを本書では特に重要視している。それについては後の章の課題となっているが，まずは農家でない一般の者でも，これだけのことが可能であるということを確認していきたい。

序節　出発点他

1．共通する問題意識　出発点

　前章ではわが国の食と農に関して，混迷する状況を概観してきた。しかし単

に問題を言い，批判したり，また危機を謳い上げ，危機感を募らせることはたやすい。肝心なこと，必要なことは，何をどうしていけばいいのかという方向性，およびその具体的な方策となってこよう。本書ではこの具体的な方策に関して，大いに追究していくこととする。さらにそれは，単に原理・原則論の考察に終わらず，現実的そしてまた実効性あるものを追究していくことにする。

　原因を解明し公共機関等々に要請や働きかけを行なっていくことは必要で大切なことではあるが，視点を変えて見た場合，個としての一個人・一市民が何をどこまでできるものなのか，この思索と探求も必要であろう。いたずらに危機感をまくし立て，それに終始するだけではなく，また他に要請を求めるだけでなく，自らの手で，できることをできる範囲で模索し，行なっていくことも要請される課題であろう。そうした個のレベルで，いったい何がどこまでできるものなのか。以上の問いかけから，それに応えうる新たな視点を本書では考え，提示してみたい。

　その一端として，前章では現在盛り上がっている一個人で可能な素人農業，非農家の農業参画に追究の対象を見，ではその素人農業・非農家の農業参画の実行と実践にあたって，前章第1節末尾の問いを発するところまできたのだが，それらの問いと疑問は，筆者のみならず，すでに多くの読者がおそらく心に抱く疑問であることと思われる。

　筆者の場合もそうであった。前章で示した食の問題の是正を目指す，そのための一つの方向性として有機農業の大切さは解ったとしても，まず出発点として，一個人としての非農家・農業の素人である筆者が，有機農業を日常生活の中で，果たしてどこまで実行・実践できるものなのかどうか。農業用の機械すら所持していない者にとって，そもそも有機農業・慣行農業に関わらず，果たして農業が日常生活の中でいったい可能であるのかどうか。それも手作業でである。

　特に大事（おおごと）と言われる米作りなど，可能なものなのかどうか。果たして可能であったとしても，どの程度の規模の面積で，そして日常生活の中でどの程度の労働時間を投下すれば，それは可能であるのか。一応の農産物が得られたとして，しかし農産物を通常のように購入してすませた場合と，自らがかように耕

作し栽培した場合とを比較して，いずれが安価で経済的なのか。いわゆる採算が合うのか。こうした根本的な疑問は筆者が抱くとともに，多くの読者が共感される疑問や問題であろうかと思われる。

そこで何しろ，このような基本的な問題と課題を見極めるべく，筆者は有機農業を日常生活の空き時間を利用しながら，自らが実験台となって実行実践してみることを決意し，取り組んできた。そこでの実行上の問題は，まず農業を日常生活の空き時間を利用しながらと書いたが，実は本業が他にある。

自己紹介がてらそれを述べておくと，東京およびその近郊の大学で，経済学関連の科目の兼任講師やら非常勤講師をしている。1回（1コマ）1.5時間の講義であるが，多い時には各大学で合わせて7コマ預かることもある。山梨に在住しているから，東京近郊に講義に出ると，ほぼ丸1日それに関わり，農作業には従事できなくなる。それ以外の日であれば，午前中最大2時間くらいは農作業用の時間を引き出すことができるのだが，このような日常の空き時間を利用した形で，果たして上記の農業参画が可能かどうか。これがまずもって問題であった。

しかしそれにも増して実行上の問題として，筆者においては農業用の機械を使用しないということ以上に，その機械すら所持していなかった。頼るのは道具の鍬一本というような状況。この近代化・機械化・化学化・省力化が進んだ現代農業にあって，これでは完全に時代に逆行した形態。まさに原始人か弥生人のようなスタイル。

しかし，あえて不便を承知，いやむしろ不便を是として，もっと言えば不便であることをいわば楽しむかような倒錯にも似た意識の下で，以下の取り組みを行なってみた[1]。本章は筆者のそうした実践的な取り組みの報告と，そこから得られた提言である。

2．現代経済学との対比

不便を是とし，不便であることを楽しむかのような意識，そして農業用の機械を使わない家庭内供給的な小規模農業への着目とすでに記したが，こうした志向と思考は，現代の利便性を追求する社会や，スケールメリットを求める大

量生産・大量販売・大量消費・大量廃棄型の社会のあり方とは，完全に180度違うものである。

　あるいはまた，経済学の観点から見ていくと，現代経済学の特に効用や快楽を追究するミクロ経済学の論理・行動様式とは，これもまた全く反対のものである。まさに，効用，快楽を重視し，それを基礎に組み立てられていくミクロ経済学の理論とは，完全に反対の思考と取り組みとなろう。また同じく，現代経済学に通常求められがちな，効率性を重視する思考・行動原理とも，完全に対極をなしている[2]。つまり筆者の思索と行動は，一般的・通常の常識感覚，そして教科書にある基本的な論理や思考とは，まったく正反対のものとなっている。

　しかし，こうした実践的活動に携わり，直接それを行なってみると，その中で様々な発見があり，誠に世に提示すべき多くの論点が生まれてきた。その論点とは，現在の経済問題にとどまることなく，特に今まで述べてきた食料問題・農業問題，そしてそれ以外に環境問題，今日着目されている循環型社会・共生経済の構築，これらの領域に資するべきところが非常に大きい論点であることが理解できてきた。

　今後，上記の特に環境問題等々の問題是正のためには，笑われたかもしれないが原始人・弥生人あるいは江戸時代の人々の理念を吸収し，それを高い次元へと止揚させた循環型社会・共生経済を構築していく必要があるであろう。その構築のためにも，一個人・一消費者が個のレベルで何ができるのか，それを本書で上記述べた課題・対象と合わせて追究していくことになる。

　このようなテーマを合わせ持つ本書は，さきの現代型のスケールメリットを求める大量生産・販売・消費・廃棄型社会の有様と，現代経済学のいくつかの理論に対する実践型の批判でもある。そして，それが章を追うに従って明らかになっていくはずである。

第1節　畑・田での筆者の取り組み

1．規模と取り組みの概要・詳細

　まず筆者の取り組みの概要として，全体像から示していくとすれば次のとお

りである。

　かつて筆者は家庭菜園・一坪農園くらいの規模の農業参画であったのだが，やがて6畝（約6a）を耕すこととなり，そして現在では合計およそ1反（10畝，300坪，約10a，1aは10m×10m）の規模の農地を借り受けている。そのうち約3aを畑とし，約6aを水田として，取り組んでいる。残り数aは堆肥作り場，資材置き場，等々。水田は面積にして約3aのものを2箇所借り受けている。改めていうが，農業用の機械は所持してはいない。

　機械を所持していないということから，それに頼ることができないばかりか，どうせなら除草剤を含めた農薬・化学肥料などを使わない，さらに堆肥等を肥料とする，いわゆる有機農業または循環型の農業を実行・実践している（詳しくは以下で示していく）。そして，農家ではないため，既述のとおり日常の空き時間を利用する形で，上記の規模の面積の農業を行なうことを決め，取り組んでいる。

　6aの水田は不耕起栽培という方法で，成人3人家族の食糧米を完全自給できている。その他に余剰米がわずかに出るので，それを販売し，土地の拝借料（地代）に充てている。3aの畑では自家の好みもあるが，ここ（山梨県昭和町に在住）近辺で栽培されるほとんどの野菜を栽培し，自家消費に充てている。野菜は完全自給とまではいかないが，かなりの程度自給体制が可能となっている（必要上，野菜を購入してくることもあるが，この規模でもって，上記3人家族の野菜の自給はかなりの程度可能であると推察している）。

　以上が概要であって，その詳細に移っていこう。

2．畑での取り組み

栽培している野菜

　3aの畑では，この地域で取れるほとんどの野菜（筆者や自家の好みもあるが）の苗や種をまき，植え，栽培し，収穫できている。以下ざっと挙げてみるが，

　　果菜類：トマト，ピーマン，ナス，キュウリ，トウガラシ，トウモロコシ，
　　　　　　オクラ
　　果物類：イチゴ，スイカ

根菜類：ジャガイモ，サトイモ，ヤマイモ，サツマイモ，キクイモ，ダイコン，カブ，ニンジン，ニンニク，ヤーコン，ウコン，ショウガ，ミョウガ，ウド，フキ，セリ

豆　類：ダイズ（エダマメ），ラッカセイ，エンドウマメ

葉菜類：ハクサイ，キャベツ，アスパラガス，カリフラワー，ブロッコリー，ニラ，レタス，ホウレンソウ，コマツナ，ノザワナ，ミズカケナ，フユナ，シュンギク，チンゲンサイ，クウシンサイ，サントウサイ，コウタイサイ，ルッコラ，カキナ，シソ，モロヘイヤ，ゴマ，ソバ，オクラ

鱗茎類：ネギ，タマネギ，ラッキョウ，エシャレット，

この他にコムギ，等々というところであろうか。

　無論，これらの野菜が常時畑にあるというわけではなく，季節によって取れるものが決まってくる。これらの収穫によって野菜は完全自給とまではいかないが，野菜を購入するということはかなり少ない。足りないもの，あるいは無くてどうしても欲しいものを購入してくる，そのような状況が可能となっている。

　有機栽培だと虫などにやられて，収穫量が落ちると一般に言われるが，規模が小さい場合，そうでもないようである。その虫害に関する問題や，筆者の田における米の収穫量と全国平均の厳密な比較は，後に示していく。

自家採種

　自家採種も試みている。近年は野口勲氏の"固定種[3)]"による自家採種を試みているが，それに頼らない以前の場合でも，以下の採種は可能であった。上記の中のヤマイモやシソは自然と種がこぼれ，翌年に新しいものが生えてくる。根が残っているニラ，ミョウガ，ウド，フキ，セリは春になると自然と生えてくる。ネギ，イチゴは苗をそのまま活用すれば，翌年また収穫できる。サトイモ，キクイモ，ウコン，ヤーコン，ラッキョウ，エシャレットは昨年のものを用いれば，翌年の育成・栽培に使うことができる。ラッカセイ，ネギ（上記の苗の他に），ミズカケナ，ルッコラ，カキナ，シソ，上には記載してないがワタ（綿），そして次に述べるイネは，自家採種できている。他に完全自家採種

ではないが，ジャガイモ等については，前年のものを活用することによってある程度収穫できている。

肥料，施肥

これら畑・水田（水田の詳細は次の3に記す）ともに，上記述べたようにいわゆる有機農業または循環型農業の形態で，農業を行なっている。化学肥料はもとより，農薬は除草剤を含めて基本的に使っていない。

ではまず肥料はいったいどうするのかというと，主に自家から出る生ゴミを利用する。これは日をおくと腐食による悪臭が気になるので，市販の16.3リットルの「生ゴミ密閉発酵容器」を用い，生ゴミに市販の「生ごみ処理剤」，あるいはまたEM（effective micro-organic）菌を混ぜた自家製の「ぼかし」，これらを振りかけて臭いを抑え，肥料としている。これによって，当家では生ゴミはゴミ回収車に出すことは一切ない。すべて土に返し，肥料としている。ゴミどころか貴重な資源・肥料源という感覚・意識がある[4]。

播種時期が重なり，肥料が足りない場合などは，市販の鶏糞や，コイン精米機の普及から出る米糠を利用したり，この米糠を原料にした「ぼかし」という肥料を用いたり，在住の町の給食センターから出る給食の残りの粉末を利用したり，またそれを牛糞と混ぜ合わせた堆肥を利用している。さらにこれらを用いて，刈り草や落ち葉と混ぜて堆肥を作り，利用している。こうして市販の化学肥料を購入する必要性は一切ないし，まれに購入する市販のものとしては上記の発酵鶏糞くらいである。

虫害に関して

農薬を使わないからといって，虫害にはほとんど困っていない。虫にやられた，それで全滅したということはあまりない。播いた種から芽が出た時，虫あるいは鳥につつかれたりもするが，小規模であるので，蒔き直しがきく。（こうした家庭内供給的な小規模農業は，スケールメリットは別に，この小規模であるという点こそが利点であり，これこそ本書が追究していくテーマとなっている。その詳細については，本書の以下の論述で大いに示していくこととなる。）野菜に虫が

ついていて食べられないということもあまりない。農薬を使わないことから、逆に天敵による食物連鎖のシステムが形成されているのだろうか。

連作障害も不思議と見られていない。

除草と堆肥作り

除草については、農薬・除草剤を使わないので、畑の草は手作業で刈り取り、それを上記のように堆肥として利用する。除草剤を使わないため、知ってのとおり、春彼岸を過ぎる頃から秋彼岸までの間、雑草が非常に生え、草取りの労苦は一入(ひとしお)である。経験者はお解かりであろうが、梅雨時から夏場は特に大変となる。

しかし、取った草はすべて堆肥他の原料・材料となる。堆肥に利用する場合は、この刈り取った草を積み重ね、水を十分にかけ、さらにその時々にある上記の生ゴミや米糠等々をかけ、ビニールシートで覆って、堆肥にしていく。季節よって腐食と発酵速度が違うが、頃合いを見て堆肥の切り返しを行ない、夏場であれば雑草の場合は約1ヶ月程度で堆肥としての腐植土に変わってしまう。これを畝に戻すのである。(除草と上記の虫については一つの論題として、第6章や第7章で詳しく取り上げる。)

省力化　不耕起栽培

省力化も試みている。実行しているのは、不耕起栽培である。土をあえて耕さず、雑草や作物の根穴や根成間隙を活かし、土の団粒構造を活用し、団粒化を発達させて、作物を作るというものである。団粒構造と団粒化が発達していればいるほど、作土は構造上よい土とされる。最良とされる自然の山土は、耕されてできたものではない。土を耕す場合、一般的な農法ではトラクターや耕運機を用いて耕起するのだが、そうしたトラクターや耕運機で耕やすと、土の団粒構造は崩れ、雑草や作物の根穴や根成間隙さらにミミズなどの有益な土中生物とそのすみかも、潰してしまうことになる。これをあえて避け、既述の土中生物を活かし、その耕拌を活かし、さらに根穴や根成間隙を活用しようというものが、不耕起栽培である[5]。

現在，畑において完全な不耕起栽培は，筆者の場合，雑草の駆除と施肥の点で問題がある。しかし，水田のイネは完全不耕起であり，ほぼ成功している。（水田の詳細は3に記す。）

問題点

利点ばかり挙げたようだが，問題点がないこともない。上記に関するものだけで指摘すると，土のためか，あるいは肥料の面からか，取れた作物・野菜は第三者の言でも美味であるが，特に葉物野菜（例えばコマツナ，ノザワナ，チンゲンサイ），またダイコンなどに，幾分硬い傾向が見られる。

そのため，柔らかい野菜を作ることを課題として取り組んできたが，これに関しては，有機堆肥の小まめな使用と鋤き込み，稲藁（切り藁）の投与，等々でだんだんと解決しつつある。

3．水田での取り組み （巻頭カラーページも同時参照）

湛水と雑草の倒伏

水田は完全に不耕起栽培で行なっている。水田の不耕起栽培というと，岩澤信夫氏の「冬季湛水」，いわゆる「冬水田んぼ」が有名[6]だが，筆者の場合は冬に水を入れることができないため，岩澤氏と同様な方法は採れていない。どちらかというと川口由一氏の自然農法[7]に近いが，筆者の場合は次のとおりである。

まず春先になると，田には雑草（田によって幾分の違いはあるがスズメノテッポウが多い）が繁茂するようになる。雑草を刈り取ったり，田を耕起させたりしない。雑草が繁茂

籾まき

発芽①

したそのままの状態にしておき，その後の5月頃に田に水を入れ湛水させる。この湛水と，そして熊手に似たレーキという道具を用いて，雑草をねかせる。湛水と水による被覆によって雑草はやがて倒伏し，枯死し，そして腐食へと進行していく。湛水を続けて，およそ3週間くらいたつと雑草は倒伏して，田は田植えが可能な状態になっていく。

　筆者の田では，腐食した雑草がすでに年々堆積している。これが以下見る土壌の改良と，稲の栄養分となっていることは間違いない。

発芽②

育苗，田植え

ここに苗代から生育させた稲を6月に植えていく。田植えは機械植えでなく手作業で行なっている。植える苗と育苗に関しては，まず前年収穫した籾を種籾として活用する。今日一般的に行なわれている慣行農法では，田植えはみな機械植えであって，その際用いる苗は，育苗箱で生育させた稚苗（3～4週齢の苗）である。しかし筆者の場合，田植え機を所持していないことから，手作業で稲を植えている。その苗は，上記の機械植え様に適した育苗箱によるものではなく，昔ながらの苗代で苗を生育させ，その苗を田植えに用いている。

この筆者の苗だが，機械植え様の稚苗ではなくて，苗代から育てた7～8週齢の健苗（健康なしっかりした苗）で大苗のものを，手で植えていく。こうした大苗は機械では植えられないのである。逆にまたそうした大苗の方が手作業では非常に植えやすいこともある。さらに植えやすいという利点から，機械植えではできない「一本植え」「数本植え」「岡苗植え」「多苗植え」，これらを毎年試行し，その差を観察している。

苗　代

発芽数日後

左：機械植え用の稚苗
右：手植え用の大苗

水田の表面被覆と田の草取り

　田植え後の田は，上記の枯死させ腐食させた雑草によって，水田の表面が被覆されているから，田と年によって違いはあるものの，その後の雑草はたいして生えない。よって，夏の酷暑の盛りに何度も何度も田を這いずり回って行なう，例の重労働「田の草取り」という除草作業は，慣行田よりも安易である。田によって違いはあるが，不耕起の田は通常の田と比べて代掻きもしていないため，非常に歩きやすい。足を泥に取られることがないのである。よって，除草は拾い草程度の除草ですむ場合が多い。さらに歩きやすいことから，補植も非常に楽である。

　除草と追肥をかねて，米糠を散布することもある。この場合もやはり不耕起田であれば，歩きやすいという利点がある。

土の固さ

　そして田は上記述べたように，草を刈り取っておらず，そして年々枯死させ

腐食した草の層が堆積していくため，その腐植土と植物の根穴構造によって，田植えの際，水田の土が年々軟らかくなっている[8]。また米糠を散布すると，田の土の表面にイトミミズが多く発生する。これが土の耕拌や，自然生態系の維持と活性化に一役かっているのであろう[9]。水田で不耕起栽培を始めた当初は，田植えの際，土が固すぎて閉口したが，近年ではそうした状態は皆無となりつつある。

7月初旬

7月下旬　　左：慣行水田の稲
　　　　　　右：筆者の不耕起水田の稲

稲刈り，はざ掛け，脱穀

　稲刈りも手作業で行なっている。刈り取った稲の束の結束も，そしてはざ掛けという天日干しも，手作業で行なっている。このようにして，田植えから，除草，稲刈り，天日干し，これらを全部手作業で，そして次に示す労働時間の範囲で行なえている。（さらに田植えと稲刈りの詳細な労働時間と，機械を用いた場合の比較は，一つの論題として第6章で示していく。）

　ただ唯一，現状，機械に頼らなければならない作業が脱穀である。これも何とか手作業で行なえないものなのか検討中であるが，ここ近辺で

8月

8月　　左：慣行水田の稲
　　　　右：筆者の不耕起水田の稲

は千歯こきや足踏み脱穀機は目にしたことはなく，目下機械に頼らざるをえない。よってこれについては，現在知り合いの農家にお願いしている。その際の謝礼は次節で述べる経費の中から支出してきた。近年は足踏み脱穀機と唐箕が手に入り，それを使用し，脱穀の謝礼は不要となった。

このように多難・大事と思われる稲作であっても，数アールくらいの規模であるなら，全面的に機械に頼らずに，不耕起栽培という方法で実行できるのである。

農閑期の作業

脱穀の後は農閑期となる。いくつかの仕事があるが，まず脱穀後の藁を田の表面に散布する。藁はあえて切り藁にせずとも，秋と翌年の春の草にやがて覆われ，土と同化していく。また，精米後の米糠をその上に散布している。藁と米糠が既述の雑草と同じく，土の改良や稲の生育の肥料に一役かっているのは間違いない。さらに，米糠を散布しておくと，それを鳥がついばみに来る。そしてそこで糞を落としてくれているから，それがまた肥料となる。

田の空いた所で，「籾殻薫炭」を作ることも，冬から春先までの作業である。また，この時期を利用して麦（小麦）も作ったりしている。

不耕起田の稲の特徴

不耕起田の稲は，例年観察しているが，非常に青みが強い。そして秋になってもいつまでも青みが継続している。通常稲は，秋に田に水を入れるのを止めるあたりから，だんだんと稲藁色になっていく，いわゆる秋落ちという現象があるのだが，不耕起田の稲はいつまでも青味が残っている。そして葉がゴワゴワし，ススキの葉のような感がある。

食味は，不耕起栽培を始めた頃は美味ではなかったが，今では土が軟らかくなったせいか，現在ではもはや他の農家のものと遜色ない。稲の品種はコシヒカリとキヌヒカリを使用。

このように耕起という耕しもせず，草も取らず，特殊な肥料も与えず，脱穀以外は機械を使わず，かなりの程度，畑・田とともに循環型の農業が実行でき

左：慣行水田の稲
右：筆者の不耕起水田の稲

ている。

第2節　収穫量，経費，必要労働時間

　これによってどのくらいの収穫量があるのか，そしてそれにかかる費用，そして労働時間はいかほどなのか，読者としてはこれを知りたいのではないだろうか。ではその詳細に移っていく。以下が前章第1節で投げかけたいくつかの問題の解答ともなる。

1．収穫量

　まず収穫量として，野菜の収穫量としては前節で示したとおりであり，ここでは米に限って示してみるが，上記の不耕起栽培によって，6aの田で籾約400kg（＝6俵強，1俵は60kg）くらいが毎年取れている。よって，反収（1反あたりの収量）で見ると，籾でおよそ10俵というところである。これは俗に「反収10俵」と呼ばれるものであって，1a（＝10m×10m，約1畝）に換算すれば，

籾1俵（60kg）が毎年取れていることになる。識者はお解りであろうが，これは全国平均並みの収量となろう[10]。

このようなデータと全国平均との比較から検討してみた場合，前にも触れたが，一般的に有機栽培で行なった場合，米・野菜問わず収穫量が落ちる，このように言われているであるが，筆者の経験からすれば，どうもそれは完全には当てはまらないのではないかと考えられる。

さて次に，その6aの田の収穫量，籾約400kg（＝6俵強）のうち，毎年自家で消費する食糧米が，年間4俵（240kg）である。よって残りが余剰米となって，これをご理解ある消費者としての親戚・知人・購入希望者それぞれに渡すことが可能となっている。

2．経費

これらに必要となる経費だが，自家支出分は田と畑合わせて，概略月にして3,000円である。これを月々積み立てておき，これにて上述の作業にかかる種代，肥料代，農具代，地代，謝礼金等々の諸経費の一切を賄ってきた。逆に幾分の収入も出ている。さきの余剰米を有機栽培米として，上記のように理解ある消費者，またそうした有機米を望む知人に渡し，相手先は有り難いことに，いくばくかの代金を下さる。近年では月3,000円の積み立ても不要となり，余剰米の提供代金で諸経費が賄えている。

収支を聞かれれば，利益が出るというまでには至らず，いわばトントンというところである。

3．かかる労働時間

次に，かかる労働時間，すなわち必要な労働時間を示していく。

今までお読みくださった読者におかれては，筆者のこのような手作業による取り組みは，ずいぶんと多難に映り，必要な労働時間も手作業であるから，さぞや多く費やされているものと思われるかもしれない。しかし決してそうでもない。以前述べたように，筆者は日常の空き時間を利用して行なうと決め，その時間枠を1日に1.5～2.0時間とし，この時間枠をなるべく遵守する。そして

筆者の畑

週休1〜2日で，ただし農繁期は例外とする．さらに雨天の日は農作業に出ないとし，これらのことを自らに定め，既述の農作業にあたってきた．

　確かに農繁期とそうでない時期とで，労働時間の差は生じてくるのであるが，年間で押しなべてみると，やはりその1日1.5〜2.0時間という労働時間の枠内で，上記の作業は賄えている．農繁期それも一番時間のかかる田植えと，また稲刈りから天日干しの作業時間を，あらかじめ示しておくとすると，次のとおりである．

　3aという面積の水田2箇所で，毎年かかった労働時間を計測している．その計測結果だが，田植えに関しては，3aの面積の田で，稲を手植えでのべ11〜14時間．稲刈りから天日干しの作業までは，同じく3aの面積で，例年，稲刈りに8〜10時間，その取りまとめ（「結束」）に4時間，天日に干す「はざ掛け」に2時間，合計14〜16時間前後というところである．よって，これらの農繁期でも3aくらい面積の田であれば，1日2時間の労働で，約1週間で行程は完了となる．（「田植えなどは一気に短期間で植えてしまわなければだめだ」ということを聞かされていたが，このくらいの日数をおいても問題はないようである．また

労働時間に関して，特に稲刈りなど手作業のものと，機械ですませた場合のものとの比較の詳細を，一つの論題として第6章に示していく。）

第3節　ここまでの一つの結論

1．自給のために必要な規模・時間・経費

　このように一つの結論として，土地として田6a，畑3aという農地面積，労働として1日1.5〜2.0時間の投下労働（週休1〜2日），経費として月々3,000円の支出。（近年ではほぼ0円。）これらによって成人3人家族が消費する農産物として，まず食糧米が有機栽培によって完全自給ができ，そして有機野菜のある程度の自給体制が確保できる。それも循環型の農法で可能であるという結果が解ってきた。

　このデータを基にして，1人あたりにして検討してみると，次のようになろう。まず現代の日本人は，1人あたり主食としてどのくらいの米を，1年間に食べているのであろうか。ある資料を紐解くに，現代の平均的な日本人は1人あたり，米を1年間でおよそ58.5kg消費しているという[11]。さて，それを確保するためのまず籾の量としては，およそ籾80kgくらいが必要となってくる。次に，この籾80kgを収穫するために必要な水田の規模面積となると，筆者の上記の産出結果からすると，1a（約30坪）強，あるいは余裕を持たせて1.5a（約45坪）と算出できる。3人家族だとすれば，4.5aという面積になろう。

　また，米の他に野菜を含めた場合，3人家族が消費する年間農産物を産出供給するために必要な労働時間等々となると，次のとおりである。まず，必要な土地面積として，水田はさきのとおり1人あたりにして1.5a，3人家族とするとおよそ4.5a，そして米以外に野菜を作る畑は筆者の場合約3aを要している。この土地面積で，これにかかる農作業の必要労働時間が，筆者の例からして，1日1.5〜2.0時間（週休1〜2日）である。そして金銭的な経費が，月にして3,000円，ということになる。（近年ではほぼ0円。）

　これが筆者数年来の実際の活動・取り組みから得られた，3人家族にとって必要な年間農業生産物にかかる，必要労働時間他として提示したい。

2．収支比較　いずれが経済的か

　このデータを基にすれば，様々な比較検討が可能となる。実際に米・野菜を購入せず，自ら手を下してそれらを生産した場合，金銭的な支出はこのとおりだから，米・野菜を購入してすませた場合とでは，いずれが経済的か，推して知るべしであろう。ちなみに，有機栽培の米は通常高額であって，1 kgおよそ500円というところであろうか。また通常，年間成人の米の消費量はさきのとおりおよそ60kgであるから，有機栽培米を購入して消費した場合だと，年間1人あたり3万円が米の購入に支出されていくことになる。3人家族とすると，単純に計算して9万円。また有機野菜は通常の野菜より，価格は1.5～2.0倍というところである[12]。

　改めて比較して，筆者の上記の方法によって支出される金額は，年間3～4万円であったが，近年では数千円となり，これによって成人3人家族の年間必要農産物がほぼ供給（米は完全自給）できていた。

　ただこうした金銭的な尺度では測れないものが，この他に多々あるわけである。その一端としては，例えば主食である米が，1年間分自給できているという安心感や充足感，またそれも農薬・化学肥料等々を使用しない，無農薬・有機栽培の米であることから得られる安心安全感である。こうした金銭的尺度では測れないメリットに関して，次の章で大いに触れていくこととしたい。

3．次章への架け橋として

　以上，こうした取り組みの動機と意図するところについては，以前の節で縷々（るる）示してきた。そして，こうした実際の取り組みから，自給を可能にしていく実際の規模・土地面積，必要労働時間他をここまでで示してきた。

　一点誤解のないように追加しておきたい。筆者の場合，日常の空き時間を利用した形で，非農家ながらの農業参画によって，農産物のほぼ自給体制にまでこぎつけることが可能であったが，こうした形の農業参画を筆者は非農家すべての方々に強要しているのではない。ましてや国民皆農を迫り訴えているものではない。

そうではなくて，筆者のような例を参考にされ，非農家の方々であっても農業に関心がある方々であれば，日常の空き時間を利用した形で，何らかの形で農業に従事してみたらどうか，日常生活の中に農という領域を取り入れてみたらどうか，というのが筆者らの提言と主張である[13]。

実際に行なわれている参画の形態は，前章で見たように様々で，ガーデニング，家庭菜園・一坪農園，田舎暮らし，週末（土日）農業，半農半X，これらが話題やブームを呼んでいることは今まで述べてきているが，筆者らの主張と提言は，利潤や経営を目的するのではなく，農業を生活の余暇などの時間を活用しがなら，無理をせず，生活の一部に取り入れ，組み込んでみたらどうかという点にある。

こうしたいくつかある農業参画の形態の中で，代表的なものを第4章で詳しく見ていくが，その中で読者ご自身に合ったふさわしいものを見つけられて，それを実行されてみてはどうかというのが筆者らの訴えである。筆者のような事例は，特に自給体制を望まれている方々にとって，一つの参考例か検討材料になればと考える。

そしてこうした非農家の農業参画，それも小規模ながらの農業によってもたらされるメリットが，特筆されるところであって，それを本書ではその点について大いに示していく。

では次章から，このような取り組みを主体としたいくつかの分析と提言を示していく。さらにそれにとどまらず，近年取りざたされているいくつかの問題（具体的には前章で見た食料問題・農業問題，さらにはこれから見る環境問題等々）に対して，筆者のような非農家の農業参画や，このような素人農業の展開が，上記経済的な節約節倹面の他に，どのような形で問題是正の方向性を持つのか，また取り組みの展開から得られる現実的な効果，これらについても章を改めて示していきたい。

注
1）不便を是とし，不便であることを楽しむような意識と示したが，こうした志向と思考，取り組みの意図，方向性については，福岡［2000］から多くを学んだ。

2）こうした現代経済学の分析・行動原理の盲点・陥穽，ある種の限界，軌道修正，これらの点については，福岡［2000］より大きな示唆を得た。また同書は筆者の実践的取り組みを促すものでもあった。
3）「野口のタネ・野口種苗研究所」(http://noguchiseed.com/)，野口・関野［2012］を参照。
4）生ゴミの処分に関しては，後の第3章の第2節でも詳しく論じていく。
5）この点に関しては，石川［2001］第7章，岩田［2004］pp.116-128を参照。
6）岩澤［2003, 2010 a, b］を参照。
7）川口・鳥山［2000］。
8）水田の不耕起栽培での根穴構造については，岩澤［2010 b］p.116を参照。
9）米糠散布によるイトミミズの発生と効果については，岩澤［2003, 2010 a, b］を参照。また，イトミミズ発生などの自然生態系の維持と活性化については，本書第7章で論題として扱っていく。
10）農林水産省大臣官房統計部［2007］p.53。
11）農林水産省ホームページ「食料自給率の部屋 食料自給表」(http://www.maff.go.jp/j/zyukyu/fbs/index.html)の「平成21年度食糧需給表（概算値）」の「一人当たり供給（数量）」より。
12）農林水産省生産局農業環境対策課「有機農業の推進について」(http://www.maff.go.jp/j/study/yuki_suisin/04/pdf/data8.pdf#search='有機農業の推進について')。
13）なお，同様な非農家の農業参画を訴える主張は，原［2001］，塩見［2003, 2008］，河野［2005］，山本［2005］，瀧井［2007］の各書で示されている。また非農家の農業参画に関する研究史の整理としては，河野［2008, 2009］を参照。

第3章　市民による農業参画の効果と有益性

本章のねらい

　本章では前章に引き続いて，筆者が行なっているような自家消費や家庭内供給を中心とする小規模農業の取り組みから得られた特長や有益性，このいくつかを提示していく。特に，こうした非農家の小規模ながらの農業参画，筆者の取り組み，あるいはまた素人農業の展開には，実際・現実上どのような効果と，また有効性・有益性があるのか，そしてそれが第1章で概観した既存の食と農（そして環境）の諸問題に対して，どのような形で問題是正の方向性を持つのか，また迫っていけるものなのか，これらについて示していくことにする。

　その市民の行なえる農業参画の効果と有益性だが，本章では家計の経済面や食の安心・安全面など日常面での効果・有益性と，それにとどまらず環境その他の面での効果・有益性とに分けて示してみた。これからは一市民が日常生活の一部として行なえる農的活動が，特に家庭内供給を中心とした自家消費的な小規模農業が，多くの魅力と有効性を兼ね備えながら発展の源になるのではないかと筆者は考えている。さらにこうした農的活動は，循環型社会や共生経済構築の礎となっていくことであろう。

　このように非農家の農的参加によって，食・農・環境を再生していくことを筆者は企図している。その第一段階として，非農家の農的参加や農業参画によってどのような効果と有益性があるのか，それを確認していくことから始めたい。

第1節　半農半X

1．このような農業参画の定義

　既述のように，年間農業生産物を自給するのに必要な労働量等々を計測するために始めた，この形態の素人農業だが，素人・非農家ながらかなりの自給体制が整ってくるものとなった。さて，このような素人の半自給的な農業の形態を，いったいどのように定義しておくか。ここから確認しておいた方がよさそうである。

　一般にあるいは従来の言葉でいうと，「兼業農家[1]」というものがそれにあたるのではと，既にそのように思われていることと察するが，筆者は自らを農家と考えておらず，そのように自称してもいない。さきのとおり出荷もしておらず，しかし収入が入ってくることもあると述べたが，それにしてもとうていそれで生計が立つほどの収入ではないし，主たる業務は農業ではなく，他にある。筆者は既述のように，あくまで日常の空き時間を利用した形で，農業を試行・実行してきたのであって，このコンセプトを基調として，面積や規模がかように発展し拡大してきたにすぎない。

　現在，いわゆる「専業農家」「兼業農家」というプロの農家・農業とは別に，素人の農業にブームが見られるということに本書は着目した。第1章以来見てきたように，専門職の農家ではなくて非農家でありがなら，日常の空き時間を利用した形で，理由は様々であれ，いわば楽しみながら農業にいそしむことが広がっていることを重視した。そして，その参画の形態が様々であって，ベランダ菜園から，プランター菜園，一坪農園，援農，週末農業（土日農業），クラインガルテン，棚田他のオーナー制，グリーンツーリズム，田舎暮らし，そして半農半Xと，様々な形態があると，これらのことを確認した[2]。

　こうした素人・非農家の農業参画を見て，いくつかある形態のうち，筆者が行なっている農業参画と取り組みは，いずれのものが該当するのか。あえてあてはめるとした場合，筆者は最後の「半農半X」に該当すると考えている。

2．半農半Ｘ

　半農半Ｘとは，塩見直紀氏が提唱したものである。その塩見氏によると，半農半Ｘとは，「半自給的な農業とやりたい仕事を両立させる生き方」
　「エコロジカルな農的生活をベースに天職や生きがいを求める生き方」
　「一人ひとりが『天の意に沿う持続可能な小さな暮らし（農的生活）』をベースに，『天与の才（Ｘ）』を世のために活かし，社会的使命を実践し，発信し，まっとうする生き方」
であるとされる[3]。

　これらは学術的な厳密な定義とはいささか趣を異にするかもしれないが，筆者（深澤）の現在行なっている取り組みや実践活動および行動原理と形態が非常にマッチするので，活用させていただいている。

　半農半Ｘ，そのＸとは何？　よく聞かれる質問である。そのＸとは，数学また方程式で使うところの変数であって，様々なものがそこに該当するという意味である。塩見氏の著作を見ると，いろいろな方の半農半Ｘの形態が掲載され，紹介されている。例えばそれは半農半料理家であったり，半農半講師であったり，半農半蔵人，半農半歌手，半農半アーティスト等々，様々なスタイルがある[4]。さしずめ筆者（深澤）の場合は，前章での自己紹介からすれば，半農半講師となろうか。

　つまり半農半Ｘとは，氏の著作から意図を伺い，主旨を汲み取ってみると，次のようになろう。スタイルとすれば，様々な方が上記のようにＸとして様々な専門職，生業の道・方途，いわゆる職業を他に持っているわけだが，その傍ら片や残りの生活時間（日常の空き時間）は何らかの形で農業に従事し，農作業を行なうというものである。また逆に捉えれば，農的な暮らし，特にはそのエコロジカルな面と自給的側面に大いに立脚しながら，空いた時間帯は自らの職業なり生業に積極的に活動していく，このようなスタイルとなろう。

　さらにまた，コンセプト・意識の面では，自分の本職は他にあるのだけれども，日常生活の中に意図的・積極的に農業あるいは農的暮らし，農業の優れた部分を取り込んでいく。そして本業がある傍ら，素人にせよ本業にせよ自らが

農業を行なうことによって，日々消費する農作物をなるべく自給していくことを追求していく。しかし完全なる自給自足の確保とまでいかなくとも，何しろ農業を日々の日常生活の中に取り入れ，農的暮らしを志向し，また活用する。こうしたところに，基調や重点がおかれるものであると言えよう。

近年，既述の農業ブームやスローフード，またロハス（LOHAS, Lifestyles of Health and Sustinability：健康と持続可能性を重視するライフスタイル，これらについては第7章で詳しく触れる）志向が手伝ってか，こうした半農半Xの分析とそれへの現実的志向が，筆者（深澤）の他，学術的な場等々に関わらず，各所で取り上げられるようになってきた。一例として，有機農業の著名な大家・実践家として，金子美登氏らの半農半Xへの賛同と提唱があるし，また河野直践氏からは学術的な研究整理がなされ，こうした形態の素人農業や半農半Xが登場する背景と要因が明らかにされている。また半農半Xに関して実際の学術的な導入を試みている論者としては，筆者（深澤）の他に槌田敦氏，藤岡惇氏らの主張がある[5]。

本書の以下の論述は，このような半農半Xに関して，筆者が自ら実行実践していることから，「半農半Xの実態経済分析」とも受け取ってもらいたい。

3．ここまでの確認

さて，ここまでで確認しておきたいのは，まず半農半Xにせよ，いずれの形態にせよ，スタイルは様々であったが，非農家の方が農業の参画と体験に飢え，それを志向していたということ。さらにその上で，素人でも農業が実行できるのか，あるいはどこまで実行可能なのかと問うた場合，筆者のように主たる業務が他にあったとしても，このような半農半Xの形態で，非農家でありながら自家所有の農地がなくても，そしてまた農業用の機械がなくても，農産物のほぼ自給体制にまでこぎつけられるのだということ。この二つをひとまず確認しておきたい。

一点，後者の点は決して自慢として言っているのではない。年間農業生産物を自給するのに必要な土地面積・労働時間・経費等々を計測するために，あくまで自らが実験台となって，確かめていったということが筆者の場合基本に

あったのである。そしてこうした形態での限度・限界を逆に考えてみた場合，既述のような農作業に従事できる労働時間と，それを可能にし確保できる本業の就業体制，また個人的な肉体的煩労（はんろう），これらを体験上勘案してみた場合，農業用機械を所持していない筆者のような半農半Xが，実行できる一人あたりの適正規模の耕地面積とすれば，手作業中心の形態からすれば，やはり現在のように一人一反（約10a）というのが上限であり，限度であると考えられる[6]。

それはさておき，こうした上記のような方々の農的志向と，そのいくつかのスタイル，また半農半Xで説かれ実行できるような農業をベースにした生き方，そして筆者によるその実際例，読者におかれてもお望みとあれば半自給体制までの確立，これらにとって必要な規模面積・経費・時間，それを今まで確認してきたところであるが，こうしたまとめの上で，さらなる展開はこの次である。

このような農的生活の実行実践，それを基にしてここからもたらされるいくつかの側面，言うなれば非農家の農的参加や農業参画によってもたらされる様々な効果，これこそが重要なところである。そしてそれがまた，以前述べてきたような昨今取りざたされている諸問題（食料問題，農業問題，環境問題等）の是正に関して，一個人・一市民・一消費が，素人・非農家として農業に参画していくことによって，力を発揮できる重要な場となっていくと考えている。

非農家の農業参画には以下見るような効果と，発展または展開が可能であるからこそ，筆者らは前章の末尾でも指摘したように，非農家の方々の農業参画をさらに促しているのである。非農家の方々でも農業に関心があるのであれば，日常の空き時間を利用した形で，何らかの形で農業に従事できるはずであり，日常生活の中に農という空間・領域を取り入れてみたらどうか。利潤や経営を目的するのではなく，余暇などの時間を活用しながら，無理をせず，生活の一部に農業を取り入れ，組み込んでみたらどうか。各種の参画形態の中で，ご自身に合ったふさわしいものを見つけられて，それを実行されてみてはどうか。

こうした訴えと提起が，今まで問題として取り上げてきたいくつかの課題と対象領域，つまり既述の非農家の農業参画希望者の向上と実際の興隆，一個人・一市民・一消費者が食と農の問題に関して力を発揮できる場，そして筆者の取り組みから示される非農家の農業参画が有する現実的効果，これら各種の

対象領域と数本の線を，一本の線さらには大きな流れに結び付けるものだと考えていただきたい。筆者らはこのような非農家の各所でのいわば点としての参画と活躍が，やがては各所を結び付ける線となってつながり，さらにはそれが面となって展開していき，それが同時に現状の数々の問題是正に貢献しながら発展していくことを望んでいる。

こうした非農家の農業参画が，現状の数々の問題の是正にどのように迫っていけるのか，それはこの後示していくとして，そのためにまずは重要と説いた非農家の農業参画によってもたらされる様々な効果，この確認である。それを筆者は従来各所で，自らの実践活動を基に訴え述べてきたのであるが，それを改めて提示していくとすれば，その様々な効果とは，以下のように再構築して示すことができる。

第2節　市民による農業参画の様々な効果・有益性

1．日常面での効果・有益性

非農家の農業参画によってもたらされる様々な効果，それは後の章でもたびたび実例をもって詳しく示していくこととなるが，第一には日常面の効果として，新鮮，安心・安全，美味な農作物がかなりの程度自給できる。何をおいてもまずこうした食に関する安心・安全面，そして家計の経済的な節約・節倹的効果が特筆されるところである。前章で示したとおり，大事と言われる主食の米であっても，エンジン付き農業用の機械がなくとも，小規模なら筆者のような不耕起栽培による方法で自給できている。野菜についても詳細を示してきたとおりである。

各人が実行する場合に，完全な自給自足の確立や，あるいはまた筆者らのような半農半Xのスタイルまでは無理だとは言え，食料に関して自らがある程度生産し供給する体制，さらには近似的な自給体制まで確保できる，それも有機栽培の物が可能となれば，それが食の安心・安全面と家計の経済的な面に，まずもって効果を発揮しないわけはない。それを詳しく見ていこう。

食の安心・安全面

近年問題となっているものとして，第1章で食の安心・安全面での疑惑を取り上げたが，自らが生産者・当事者そして消費者となった場合だとどうであろうか。その疑惑はかなりの程度払拭できていくものと考えられる。新鮮，安心・安全，美味な農作物を自からが生産する，そしてできる，これが何しろ非農家の農業参画，つまりは自身が生産者となることのメリットである。

自らが生産者・当事者，そして消費者を兼ねているとなると，そこでは自らが食するものに対して，安心・安全面の追求は否応なく求めていかざるをえない。例えば，自身が生産者かつ消費者であるとすると，自身のあるいは家族が食する農産物に，今日過剰に農薬等々を散布することは，極力控えるのが通常の姿ではあるまいか。このように，つまり作る側とそして消費（食）する側，この両面において，第三者を挟むことがなくなるわけであって，ここから新鮮，安心・安全，美味な農作物を自ら生産することが，まずもって可能になるわけである。これが非農家の農業参画によって得られる，食についてのメリットである。

家計の経済面

それが家計の経済的な面ではどうであるか。つまり上記の点を金銭的な尺度で見たらどうかということになるのだが，自らが消費する農作物がかなりの程度自給できるとなれば，これが家計の経済的な節約節倹面につながること大であろう。日々消費する農産物を，自らが生産した場合と，購入してすませた場合とでは，いずれが経済的であったか。すでにこのような問いを数箇所で発し，その答えとして，一つには特に筆者の例を基に検討したものを前章第3節で示してきた。また一坪農園では野菜を完全に自給するとまでいかないが，購入した場合との比較を次章で示してある。

この場合，各人が実行する規模の大小によって，農産物の完全な自給体制の確立とまではいかないことはもちろんある。その際，収穫量に無論多寡があって，家計の節約節倹面への効果には，多少なりともその差が生じてくるのは止むをえない。そうした差があるのだけれども，少なくとも自身が生産し収穫す

る，それも安心・安全なものをとなると，何しろ俗に言うところの「家計には助かる」ことに直結し，そうでなくとも「一役かう」ものとなっていくことであろう。

また，規模の大小で違いはあるだろうが，例えば夏に収穫する夏野菜などは一家では食べきれないほど収穫できることもある。その際，知人や隣近所に分けてあげることができる。野菜を作っていない方々にはまさに助かる話だろうし，新鮮な無農薬のものなると余計に好んでもらえる。

健康・精神面

こうした効果をまず挙げることができるのだが，さらに日常面の効果としては，次の方面に及んでいく。

一つにそれは，農作業にいそしむことによる肉体的な健康面，それと合わせたメンタルな側面である。今，コンクリートに地面は固められ，そしてビル群が林立する都会・都心，それとは打って変わった農という場。それも自然の中での作業。そこで自然と一緒・一体になって働く，汗を流す。これは運動不足やメタボリック症候群，また仕事・人間関係における鬱的症状の問題が言われる昨今，肉体的・精神的な健康面で，また一役かうところのものであろう。何もわざわざトレーニングジムまで行かずとも，（それが悪いのでは決してないが，）お金をかけずに自身が大地の上で汗を流すことができるのであって，さらに農作業という自然の中での開放感，また自然との一体感・充足充溢感が充喫されることとなるからである。

また生きるための基礎となる食・農産物，特に主食である米，それも安心・安全なものを自ら作ることができ，賄うことができるところまで至れば，実に安心の上に自立した充実感をつかむことがきるのではないか。これからはこうした食の面での安心と同時に，それを基にした安定した生活の維持と追求が，日常の大きな対象となっていくのではないだろうか。

そしてそこにあるのは，labor としての労働の義務・強制・苦痛という側面ではなく，work そして play として働くことの喜びでなければならないと考えられる。これらが小規模な農という領域には満ちていると筆者は考えている。

農作業によるそうした側面を基にし，同時にまたそれらを実体験する中で，メンタルな側面にも効果は及び，以下の認識が培われ，育まれていくこととなろう。

例えばそれは，人間は生きていく上で，土との触れ合いが欠かせない・切り離せない（身土不二）者であって，その中で農業・土・自然の偉大さを知り，人間もその自然の一部であり，それがためには自然を守り，育んでいかなければならないという認識。また自身が生きていくためには，何かを食さなければならないといった，生命の宿世・宿業の認識。であるならば，己や人間を生かしてくれるために，自己の命を差し出してくれた他の生物・生命への感謝と有り難さの気持ち。そこから否応なく知られる輪廻のあり方や自然生態系の循環。そこからまた改めて知らされる農業・土・自然の偉大さ，人間と自然の関係，そして自然保護の観点。このような倫理観の涵養が，書物を基にしたものではなく，現実・実際のものとして体感できていくことであろう。

また自身が生産していくことを体験する中で，生産の重要性の認識，また今までの生活がいかに消費で成り立っていたのかという，貨幣経済や貨幣的消費の偏重さを再認識するであろうし，同時にその貨幣経済・消費への過度なる依存の危険性も知れてくることであろう。となると，貨幣いわゆるお金の尊さも同時に認識することともなるのであるが，さらに逆の面としては，守銭奴的な拝金主義的な考えではなく，貨幣は経済学で言うところの交換機能的な役割を果たしているという実感，そこからまた交換機能としての貨幣の一定の限界，お金より実物の生産と獲得の重要性が，また同時に知れてくるところであろう。

このように素人・非農家が望み実行できる農業参画の効果は，日常面としての食の安心・安全面，経済的な節約節倹面，健康・精神面，倫理観，これらを基に，それ以上に次のような領域へと，様々に発展し展開していく。

2．環境面，またその他の面での効果・有益性

ゴミ問題の是正　循環型社会・共生経済構築の礎

まず小規模農業とはいえ，そこに有機的な循環やいわゆる有機農法を志向するのであれば，家庭用生ゴミ他の廃棄物を焼却せず肥料として土に帰し，農薬

や化学肥料を使用しないことから，こうした農法の展開と循環は生態系の維持とゴミ問題の是正に少なからず貢献していくことであろう。これらが循環型社会・共生経済構築の礎となることは間違いない。

　生ゴミの問題について，筆者は次のような計測を得ている。前章でも若干示したが，当家から出る生ゴミの量は16.3リットルの生ゴミ密封発酵容器に，季節によって変動はあるものの，月に2～6杯程度出ている。在住の山梨県昭和町では，通常生ゴミは可燃物としてゴミ回収車に出し，それを焼却処分している。だが，当家ではこれを既述のように可燃物として一切出さず，すべて肥料として土に帰す。

　筆者在住の山梨県昭和町における可燃ゴミのうち，生ゴミの割合はどれくらいかと尋ねた場合，町議会の報告で16.1％という数値が報告されている[7]。よって，もし町全体として生ゴミを焼却せず，肥料として土に帰すならば，本町のケースに従えば，簡単に言って可燃ゴミの1～2割が削減可能となる。

　さらに，筆者にとって生ゴミは，一般に言われるゴミ（廃棄物）という意識・感覚がない。重要な資源という感覚である。筆者の例では，麦茶のティーバッグのお茶殻なども，使用後に袋を破いて，中味を取り出し分別して肥料として利用する。また，菓子の袋や箱の中に収められている乾燥剤は中味が石灰であれば，それは土の酸性を中和する働きがあるため有効利用できるので，やはり袋を裂いて土に返す。これらをゴミ・廃棄物ではなく，資源として土に帰せば，土の栄養分になり，そこに作物が豊かに育ち，それを人間が食して生き長らえることができているのである。無闇に焼却するとは，誠にもったいなく感じるところである。

　世界では栄養不足の人が数億人いる中，わが国においては片やメタボリック症候群が問題視され，飽食の時代とも揶揄されてもいる。その食の消費にしても，食いきれないまでのものを，調理したか・注文したのか・はたまた購入してきたのか知らないけれども，腹におさめきれずに，ゴミ・廃棄物といって処分する。さらにはその処分に困っている。それもまた水分を多く含んだものを，あえて火をつけて焼却する[8]。そしてそこから発生する二酸化炭素の問題や，化石燃料の消費と浪費で苦慮している。このようなことはおかしな話であると

同時に，そうしたことを今後もなお続けていって本当によいものか疑わしい限りである。改めて生ゴミなどは土に帰せば土の栄養分になり，そこに作物が豊かに育つということ，この再考を是非促したい。

化石燃料浪費の削減，二酸化炭素発生の削減

その化石燃料浪費の削減，二酸化炭素発生の削減の効果に関して，素人農業・非農家の農業参画の展開は，次の相乗効果を持つものである。すでに上記指摘した生ゴミ等廃棄物の焼却低減効果の他に，素人が行なう農業であるから小規模という特長も，そこには備わっている。小規模であれば，農業用機械に全面的に頼ることはなくなる。小規模であれば，機械搬入などの必要性も少なくなり，手作業ですませてしまった方が手っ取り早いという利点と特長も備わっているのである。このように農業用機械に依存することが少なくなるのであれば，石油・軽油などの化石燃料に依存することも少なくなる。

こうして，前項で見た生ゴミの焼却の低減以外にも，農業用機械への全面的依存の低下から，化石燃料浪費の削減，二酸化炭素発生の削減，地球温暖化防止等々，こうした環境面での問題是正にも，ある程度貢献すると考えている。（このようなエネルギー消費の面については第6章で詳解する。）

中山間地域農業の振興

さらには，非農家にせよ農業に参画することによって，農業の復興と振興がもたらされるであろう。作り手がいなくなった農地，耕作放棄地の問題を前章で取り上げたが，非農家の農業参画が興隆することによって，それもある程度改善されていくのではなかろうか。第1章でフードマイレージの問題と低迷するわが国の食料自給率の問題を概観したが，非農家が農業に参画していくことによって，地産地消の振興，身土不二の観点，これらが一体となって図られていき，それは総じて食料自給率の向上につながっていくものと考えている。というのも，特に耕作放棄地や中山間地域の問題については，次の展望の道筋が期待できるからである。

まずそこで，「分散錯圃」という言葉を聞かれたことがあるだろうか。日本

の農地は小規模で，さらには個人所有の農地が各所にバラバラに小規模で分散しているという問題である。特に山村，中山間地域においては，その形態が著しい。この分散錯圃が問題であると，ある専門化筋からはたびたび指摘がなされる。つまり日本の農業のこの分散錯圃の形態・形状こそが，わが国の農業の規模拡大・効率化を阻んでいる決定的な問題であり，日本農業の弱点だという指摘である。

　しかし，中山間地域や山村の場合では，棚田・畑を見てみればすぐ解るように，そうした小規模な分散錯圃状態にならざるをえないであろう。そうした中山間地域においてこそ，耕作放棄地など農山村の荒廃が進行していることは前章で示しておいた。棚田や分散錯圃の形態であればあるほど，機械が入りにくいなどの欠点が生じ，機械に依存する現代の農業・農法からすると，こうした農山村の棚田地域などはそもそもが不向きとなっているのである。

　そこで，例えば筆者が行なっている機械に頼らない小規模な不耕起栽培の稲作農法などは，特に機械の入りにくい中山間地域の狭小な水田には，うってつけの方法であって，そうした農村・農地を立て直すためにも，筆者の農法は一

棚田①

棚田②

つの参考になるものと考えているしだいである。この点に関しては，次の点も考慮されたい。

都市と地方の結びつき
　と言うのも，次の展開を考えてみたい。まずそもそも非農家の方々の農業参画は，そうした中山間地域を立て直すことと同時に，「都市」と「地方」とを結び付ける力にもなるし，その効果が期待できる。直接農村へ行って就農という形もあろうが，都市と地方とを結び付ける上で，素人や非農家ができる小規模な農業参画形態のものとして，現在採られている代表的そして具体的なもので特筆されるものに，前に触れた中でクラインガルテン，棚田オーナー制，グリーンツーリズム等々がある。これらの発展と拡大は，さきの中山間地域の復興と同時に，都市と地方のパイプ役ともなるであろうし[9]，現実にそれは実行され実施され，そして人気を得ているのである。
　その点は次の章で紹介するが，特に上記作り手がいなくなった地方の棚田などの耕作放棄地，これを立て直すために，現在最有力なものとしては，棚田

棚田③

棚田④

オーナー制度がある。この棚田における稲作方法としても，機械が入りにくいのであれば，そして小規模あればこそ，非農家が機械に頼らず簡単にでき，そして筆者が実際に行なっている稲作の不耕起栽培などは，かなりの参考例になるのではないかと考えられる。

　都市と地方を結び付ける役割，棚田などの小規模水田の復興，これらへの貢献としては，棚田オーナー制度に代表される非農家の農業参画，そして実際の稲作の実行実践には，棚田などの狭小水田における稲作であれば，機械に依存しない不耕起栽培などを検討されてみてはいかがかと考える。

貧困・失業・ワーキングプアの是正

　こうした農業参画の希望者，つまりは人手に関しては，すでに繰り返し触れてきたように，多々いるのである。加えて，団塊の世代の定年退職者をはじめ，都会の家庭の主婦他の人々，フリーター等々，彼らにあっては農業や農村への憧れが強いとも聞いている。

　さらには，こうした不況下，大失業時代と揶揄され，失業が大きな問題になっているが，そうであればこそ，空いた時間があればこそ，簡単にできる小規模な農業への参画によって，家庭への食料供給と，失業問題の是正とも合わせて，非農家の小規模農業の参画を推奨したいところである。

　貧困・失業・ワーキングプアからもたらされる金銭的収入や食料入手の困難性，これはこれで残念なことだが，しかしそれらを解消し緩和させるためにも，少なからずの農業参画を行なってみたらいかがだろうか。貧困・失業・ワーキングプアで落ち込み凹(へこ)むことなく，地方・都会問わず根無し草のような生活に傾いていくのではなく，大地にしっかり足をつけた農という場に参加していくことによって，生産者・供給者となって社会のエンジンを構成する一員となることができるのである[10]。

　またそこには，すでに述べている家計の経済的な節約面，安心・安全な食材の入手，都市と地方を結び付けるパイプ役としての存在があった。そして失業などから逆に得られた自由時間の有効利用，これらの要件も内包されているのではないだろうか。

3．照顧脚下（しょうこきゃくか）　できることをできる範囲で

　このように非農家の農業参画には，現実に様々な効果があり，その展開が期待できるのである。すでに第1章で，農業の多面的価値や機能として，水田や棚田の土木灌漑作用，水の保全や土の保全，大気や生物の自然環境また景観の保守等々に触れておいた。それに加えて，本章本節で上記示した非農家の農業参画の様々な効果・有益性，これらを農業の多面的価値および機能として，さらに含めたい。

　こうした優れた点を，本来，農業・土・大地・自然は，我々に元々与えてくれていたのである。自然と人間との関係や関わりは，元来農地を中心とした循環・対応関係にあったとも言える[11]。これを再認識することが大切であり，さらにまたそれらを培い，そして活かしていくためには，今ここに立っている足下・足元から始めることが大切ではないだろうか。

　誤解のないように改めてつけ加えておくと，筆者は非農家の農業参画に関して，皆が半農半Xの形態で農業参画を行なってもらいたいと主張しているわけではない。これは再確認されたい。皆が半農半Xのような真似をして農業にいそしんでもらいたいとしているわけではない。ましてや国民皆農，自給自足体制の復旧・確立を強要しているものではない。一個人・一市民ができることをできる範囲でという意識で農業に参画してみたらどうか，ということを促しているわけである。

　そうした農業参画の形態は，家庭菜園から半農半Xまで多々あった。ミミズや虫すら苦手という方であっても，ベランダ菜園，プランター菜園，果樹等のオーナー制等々であれば，参加は可能ではないだろうか。そうした形態でも上記触れた農業の持つ多面的な価値・機能は発揮できる。一個人・一市民ができることをできる範囲でと言うのは，こうした意味であると了解願いたい。

第3節　ここまでのまとめと，次章以下への架け橋として

　本書は常に今までをまとめた上で，次に進んでいくことにしている。

筆者は自身の取り組みと実践活動の中で，近年取りざたされているいくつかの問題（特に食と農の問題・環境問題），この是正・解決にとって，農業が非常に優れた役割を持つことに着眼することができた。そこから筆者は農業（それも特に有機農業，循環型・共生型の農業）の普及と振興，そして発展と展開の必要性，これらを従来から訴えている。食と農の問題と並んで環境問題から鑑みても，今後求められるべき「循環型社会・共生経済」「持続可能な社会」の構築には，第一次産業の発展，一番身近なものとしては農業の発展が，決定的に必要で重要で，かつ即効性があると考えられる。食料自給率40％というこの日本の現状と問題を見ても，第一次産業の振興を今後日本は進めていく必要があろう。

　筆者の農業の普及・振興策は，専門のプロ農家に向けての訴えという形態とはなっていない。今まで示したように，一市民・一個人・一消費者ができる活動として何があるか，それを問うた。その中で，かほどに多くの方が農業参画に飢えていることが知れた。ならばそうした一般の市民あるいは非農家・素人の農業参画の希望者に，日常の空き時間を利用した形で農業参画を訴えるという形態になっている。意欲あるこれらの方々の力をお借りし，また逆に各所で力を十分発揮してもらいたいと考えている。

　一昔前と比べて経済的な生産力・生産性は向上し，豊かになると同時に労働時間の短縮も進んだ。ある場所では，長時間労働や過労死・過労自殺が問題となっていることは知られているが，その逆に時間的ゆとりや余暇をもてあましている状況もある。時間的余裕がある方ならば，それを積極的に活用し，農という誇りある，優れた場所に，力を傾けてみたらいかがであろうか。

　さらにまたこの不況下，高失業率やワーキングプアの状況で苦しむ昨今である。そこからの脱却の道の一つとして，農というものを実行し，あるいは選択してみたらどうだろうか。たとえ素人であったとしても，かなりの程度可能であることを，筆者は自らの実行実践活動と合わせて示しておいた。

　そしてまた「生きがいとしての労働（work）」，「楽しみながらの労働（play）」を追求していく動きとして，その一つに非農家・素人ながらの小規模な農業というものを目指してみてはどうだろうか。現に非農家の農業参画は，何も就農

という専門的な形態によらずとも，いくつか挙げた様々な形態で実行可能であって，また現在各所で展開されだしているではないか。

　以上の方々に非農家としての農業参画を訴えるもものであって，決して国民皆農，家庭内完全自給の確立を迫るものではないことも断っておいた。

　そして，非農家による農業参画は，今まで述べた（そしてまたこれから検討する）いくつかの問題の是正にとって，多面的な効果と役割を果たすものと考えられる。その具体的な相乗効果と得られる有意義性について，すでに本章前節で重要視し，さらに詳しく指摘しておいた。ここで改めて繰り返さずともよいであろう。

　こうした空き時間を利用した非農家による農業参画，これがさらに各所で様々に展開され，循環型社会・共生経済構築の礎と合わせて発展・成長していくことを，筆者としては望むところである。

　この非農家による農業参画および取り組みの中で，実行の際，全体を貫く基調あるいはモチーフとしては，述べてきたように，特に家庭内供給を中心とした小規模農業，これこそが各人が実行・実践にあたる際に，極めて多くの利点と利便性を持つものと考えている。そして同時にまたこれからは，こうしたダウンサイジングした農業が多くの魅力と有効性を兼ね備え，発展の源になるのではないかと筆者は考えている。いわば大規模農業にはない，小規模だからこそ可能であるスモールメリットが，家庭内供給を中心とした小規模農業には多分に存在するのである。

　本書のこれからの論述は，その非農家の家庭内供給的な小規模農業の利便性をさらに深く検討し，筆者の既述の訴えをさらに確実なものにしていくこととする。今まで述べてきた非農家の農業参画の有益性とメリットを，以下の論述で改めて再確認していくと同時に，さらにこうした非農家の農業参画，特に農産物の家庭内供給を中心とした小規模農業の利便性の考察と追究を，本書の対象課題としていく。なお，今まで難しい名称は避け，なじみやすい素人農業とも示してきたが，これから示されていくのは「非農家の家庭内供給的小規模農業展開論」となることであろう。

　しかしその前に，まず各人が小規模農業や農業への参画を実行実践するにあ

たって，どのような形態があり，参画希望者各人はどのような場で自身の力が発揮できるのであろうか，それを次章で紹介していきたい。

注
1) 第1章の注13でも触れたが，1990年から農家の定義は，「耕地面積が10a以上の個人世帯か，耕地面積が10a未満であれば年間農産物販売金額が15万円以上の個人世帯」となっている。そのうち，耕地面積が30a以上または年間の農産物販売金額が50万円以上の農家が「販売農家」であり，それ以外の農家が「自給的農家」という分類・区分となっている。
   筆者の場合耕地面積が10aを若干欠け，販売金額も50万円とはならないため，農家とはならない。
2) 本書第1章の注9を参照。
3) 塩見［2008］p.18。
4) 塩見［2007］。
5) 金子［2010］p.12，学術的な研究整理としては河野［2009］p.53以降，をそれぞれ参照。また，こうした半農半Xに関して実際の学術的な導入を試みている論者としては，筆者（深澤）の他に，本文で挙げた槌田敦氏の主張（槌田［2007］特にp.252以降）や，藤岡惇氏の主張がある（藤岡惇「帰りなん，いざ豊穣の大地へ──エコ『社会経済学』の提唱」経済理論学会第58回大会，第16分科会，第2報告，概要は経済理論学会［2011］p.124に掲載〔執筆は鈴木均氏〕）。
6) いくつかの事情から，実はこれ以上に広い面積で施行したことが数回ある。しかし，本文で述べた状況から，特に農繁期は手に負えない多労さを抱えた。やはり手作業中心の形態からすれば，上限は一人一反と考えられる。しかし，そんなことを言えば，一昔前の農家からすれば笑われる話であるかもしれないが。
7) 山梨県昭和町議会［2008］p.39。なお，近隣の甲府市では，家庭から出る可燃物のうち，生ゴミの割合は約40%という報道を聞いている。また，同じく近隣の笛吹市では約30%という報道である（『山梨日日新聞』2012年4月23日日刊）。
8) 家庭の生ゴミは水分が多く，自治体が燃やす可燃ゴミの半分が水分だと言われている。岩佐［2009］p.156を参照。
9) 同様な主張は，山本［2005］特に第4章を参照。
10) この指摘に関しては槌田［2007］p.244を参照。
11) この点に関しての詳細は，槌田［2007］p.236以降を参照。

第4章　市民による農的参加の類型と特徴

本章のねらい

　この章では，農家でない方々が農業に参加する様々な形態と方法を，筆者の実地調査と合わせて紹介する。非農家の農的参加や実際の農業参画と言っても，その形態は本章で示すように，実に多様である。

　前章までを読まれた読者におかれては，「そうは言っても，農業をできる場がどこにもないのではないか」と嘆かれていることかもしれない。しかし本章をさらに読み進み，確認されていくことによって，「今これがここからできるではないか」となっていかれることと思われる。まさに，「No where I can do it.」から，私（watashi）や我々（we）にも付いているwを少しずらしていくだけで，「Now here I can do it.」となっていくことであろう[1]。

　本章で紹介するいくつかの方法によって，読者におかれては自身に合った農の取り入れ方を検討され，農的参加や実際の農業参画を実行実践されることを願っている。本章はその一助になればと考える。

序節　前章までとの関連で

　前章までで，特に非農家が行なえる家庭内供給を中心とした小規模農業，これがどういう形でどこまで行なえるか，希望とあらば筆者のような半自給体制の確立までにはどの程度の土地面積・労働時間・経費が必要なのか，そして農業が持つ多面的価値・機能と合わせた非農家の農業参画，家庭内供給的小規模農業が有する様々な効果・有益性，これらを説いた。そしてそれが食と農の問

題，環境問題他様々な問題是正の鍵となることや，循環型社会・共生経済構築の源や礎になっていくことを説いていった[2]。

　さてここからは，こうした非農家の家庭内供給的小規模農業のさらなる追究を対象課題としていくのだが，その前に改めて，非農家・素人ができる農業の参画のいろいろな形態を本章で尋ねていくことにする。それによって，いかに素人農業また非農家の農業参画希望者が多くいるか，そしてこれほどまでの需要があるのかが，改めて知れることとなろう。

　何しろ家庭内供給的小規模農業の展開と言ったところで，ともあれ個人が現実・実際に農作業を行なえる場というのが，実行する上での一番の問題となってくる。読者にあっては，いくら家庭内供給的小規模農業の実行の可能性や有機農業の必要性・優れた点を紙上で伝え聞いたとしても，農業にいざ参画しようとした場合，上記のようにその場がいったいどこにあるのかが先立つ問題である。これが一番大きな課題となって与えられていることを，筆者としても痛感しているのであって，諸個人がいきなり農村定住，就農，そして有機農業の実行と，他を刮目させるような行動に走らずとも，個人的規模で農業振興を図るべく，個人で農業を実行できる場，あるいは直接実行できずとも農業を体験できる場，また間接的であれ参画・関与できる場，これらについていったいいかなるものがあるのかを示しておくことが重要であろう。そしてまた，近年注目を集めているのはどのようなものか。それらの問題点・改善点または長所はどこにあるのか。

　こうした問題を見定めるべく，本章では筆者が実際に現地を視察し，携わっている方々から直接生の声を聞き，それをまとめてみた。これによって，農業参画に興味・意思ありの方々におかれては，実際に参画できる農業（規模の大小は問わない）の場を考え，見つけられ，実行されることを願っている。これらそれぞれの場所においてこそ，即有機農業の実行実践とまでいかずとも，本章で見るような個人でできる農業参画が現実に実行され，またそれが発展し展開しながら，前章で示したような循環型社会・共生経済の構築に向けて，農業の持つ多面的価値・機能が相乗的に現れていくことを望みたい。

　着目した調査対象は，以下の各項目で挙げたとおりとなる。筆者個人の着眼

点もあって，主に筆者在住地（山梨県昭和町[3]，以下「当地」と記載）の近郷近在のものを選び，取りまとめたことをお断りしておく。中にはこの地域独特のものもあろうが，状況は他県あるいは他地域とあまり変わらないものもあると考えている。本章の例をある「地方」の一例とし，全国にお住まいの読者方々の諸地域との比較・検討がなされればと考えている。

　再度振り返れば，今，日本の農業は問題山積で満身創痍，かつ危急存亡(ききゅうそんぼう)の時であった。問題を羅列すればきりがないのだが，農産物価格の低落・低迷。経営上の困難や将来性の問題。一昔前の言葉でいえば３Ｋというものにあたるのか，新規就農者の低迷と後継者不足，加えて就農者の高齢化。限界集落地の過疎化，耕作放棄地の問題。一方で低迷する日本の食料自給率。安易なる輸入や安さを追い求める消費者，そのためにはさらなる輸入の自由化を迫る市場の論理と主張。

　これらを確認してきたわけであるが，既述の状況であれば，世間では個人的に農業に参画したいと思う人はさして存在しない，あるいはそんな関心すらまったく低く薄いものだと，筆者はかつて思っていたのである。が，この調査において，それは全くの反対であった。農家でなく，一般の個人が，ガーデニングや家庭菜園以上に，農業に強い関心を持ち，農作業をやりたいと望んでいる，そうした方々が非常に多いことを思い知らされ，何とか打開の道はないものかと，今まで本書をしたためてきたわけである。

　しかし，その希望者に農業用地がうまく回っていないことも，同時に思い知らされた。既述の食と農の問題，環境問題に是正を迫り，また循環型社会・共生経済構築の礎石(そせき)として，非農家の農業参画を促し実行し展開していく。これが打開の道として筆者が至った結論，そして本書のテーマであったのであるが，何しろそうした非農家の農業参画のいくつかある形態の中で，いったいどういうものが現在好評で人気を得ているのか，どこに魅力を感じ，どういう希望があるのか，長所は何なのか，逆にどの形態に人気が少ないのか，短所は何なのか，本章ではこれらの点も考慮に入れ論じていく[4]。

第1節　市民農園，一坪農園

　まず一般に，農地を持たない諸個人が農作業を行なうにあたって，一番よく知られているものが，この市民農園，通称一坪農園である。この運営と管轄は形態上数種類あるのだが[5]，一般的で通常よく知られたものは，各市区町村が担当しているものである。一坪農園と言っても，実際に借り受ける面積は一坪ということはなく，数坪をおおむね1年間，所定の金額で借りることとなる。しかし，この面積と金額に関しては，当然ながら以下のように地域によって差が見られる[6]。

　一地方として代表的なものと考えられる当地のものから紹介・検討すると，年間4,000円で，9～10坪ほどの面積を借り受ける。希望者は翌年度への更新延長が可能。3月に募集・更新・新規参加者への割り振りが行なわれ，今のところ希望者には全員農地が割り当てられているという状況である（7ページの写真参照）。

　借りられている方々に直接話を伺うに，毎日のように来て農作業をする方，土日だけの方，様々である。ほぼ共通するのが，農作業によって体を動かしながら，自分で安心・安全で新鮮な農作物を作ることの喜びや楽しみ，農作物への消費・出費の面での節約節倹性，これらを感じながら，数坪の面積であれば，一人で機械がなくても農作業できるのが，この一坪農園の利点ということのようである。

　このように筆者が前章で指摘してきた，非農家の農業参画の利点と有益性が，やはりここでも再確認できる。こうした非農家の農業参画の利点・有益性に関しては，本章以下の形態においてすべからく共通するところであり，読者には読み進めるにしたがって改めて認識されることであろう。

　さてここで，当地の例を「地方」の一例として確認し，さてここで「都会」・東京都の場合と比較してみたい。すると，東京都でもかなりの差があるが，借り受け面積は上例のおよそ3分の1から2分の1となる一方，金額は1.5倍から2倍の額のものが多い[7]。都会にありがちな，農業用地の少なさ，それが面

積の狭小さと同時に金額の高さに反映してくる。一坪農園に代表される，こうした地方と比べての都会の農業用地の少なさ（供給面）と金額の高さ，これはさることながら，しかしここで改めて注目すべきは，需要者側の面である。一坪農園への参加希望者が，こうした金額の高さにもかかわらず，かなり多くいるのである。ここに着目しておきたい。

そこで，まったくの任意にあたってみた東京都の国分寺市の一例，「戸倉市民農園」（国分寺市3丁目，国分寺市立第10小学校北，最多区画20m^2〔約6坪〕，区画数103，貸与期間1年10ヶ月，利用料金は6,000円）の場合，参加希望者が多く，利用者は抽選で決められている。それも倍率は2倍，さらに2回連続して当たった場合は，1回休み。双六にも似たこの1回休みというのは，希望者に農地を与えられる地方と比較して，何とも可哀想でもあり苦笑せざるをえない話ではあるが，それにしても注目すべきは，いかに農業参加希望者が都会においても，現実に多くいるかである。それをこの事実は明らかに示している。

そして逆に，地方あるいは中山間地域では農業のやり手がなく，農地が荒廃している。この状況を本書第1章で確認しておいたのであるが，再度何とも大きなギャップが生じていることを確認しておきたい。

それはひとまずおくとして，なぜにこう都会において市民農園・一坪農園に参加しようとする方々が，これほどまでに多くいるのか。この点は以前概観したのだが，おそらくは都会における多くの方々が，一坪農園の利点として上記の安心で新鮮な農作物を自らの農作業によって得ることの喜びや楽しみ，これに飢えているのであろう。あるいは一坪農園くらいの規模にせよ，自身で安心で新鮮な農作物を産出する必要性を，多くの方々がひしひしと感じられているのであろう。

そこでこの一坪農園・市民農園のケースで，簡単な家計費の節約面を見ると，収穫できた農産物を小売価格で評価した場合，年間で8～9万円前後になるという[8]。つまりこのように，筆者が前章で示した非農家の農業参画の利点・有益性，具体的には日常面での効果・有益性として示しておいた家計の節約節倹面（前章第2節の1）の実際の状況が再認識できる。

さて上記問題として挙げた，都会におけるこうした形態での農作業・参加希

望者の多さ，逆にその用地の少なさ，片や一方で地方の農山村における農業の担い手の少なさと作り手のいない荒廃地の多さ，このギャップは今後検討・改善されてしかるべき課題である。こうした都会において用地を潤沢に提供できないという現実的問題と，農作業希望者の多さ，片や農山村の農地の荒廃と人手不足，この現実は，非農家にとっては市民農園・一坪農園とは別に，新たな農業参画形態のいくつかを要求させ，また派生させている。それらが次以降見る「クラインガルテン」「空き家バンク制度」である。

第2節　滞在型市民農園・クラインガルテン

　クラインガルテンとは，農地付の別荘をイメージしてもらうと解りやすい。一坪農園のような日帰りタイプのものではなく，農作業用の敷地と同時にラウベという休憩・宿泊施設（別荘に似た小屋でかなりモダンなもの）が各人に与えられ，そこに宿泊し，長期間でも滞在できるという特長を持つ（6ページの写真参照）。2005年，当地の隣の甲斐市（旧敷島町，距離は八王子から中央高速を経由して車で1時間強）に，8億円という予算をかけてクラインガルテンが新設されたので，現地を調査し驚いた[9]。

　利用者には約300m^2（100坪）の敷地と約50m^2のラウベが与えられる。そこで農作業をし，また宿泊し滞在できる。1年毎の更新で，利用料は初年度の入会金30万円（5年間有効）と年会費40万円である。光熱費・水道料は本人が負担。

　一坪農園に比べると，金額はかなりの高額となるのだが，それでも希望者がかなりいるのである。2005年5～6月に第1期30区画の募集を行なったところ，応募者が多く抽選となり，倍率は約2倍。つまりは60人が応募してきたことになる。その後，第2期として2007年20区画の募集を行なったが，その時も応募者が殺到して，倍率は今度は約6倍（120人が応募）となった。現在入居は完了し空きはない。

　利用者の多くは，いわゆる団塊の世代の方々で，かつ定年退職後の田舎暮らしや農作業を希望されていたということであった。本来の居住地は，主に東京・神奈川・千葉という首都圏であって，中央高速を利用して来訪されている。

このクラインガルテンを利用される方々は，農業を小規模ながら行ないたいのだけれども，本来の居住地で農作業用の土地が得られないということであった。つまり，上述のとおり一坪農園はあってもさきのとおり抽選でほとんど当たらないし，当たっても借りられる農地はほんのわずかということ。ある程度の農作業としての規模面積が従来から欲しかったというのが，クラインガルテンを希望した理由のようであった。

　滞在の形態は，月に数回あるいは週末だけ訪れて農作業を行なう方，春から秋まで滞在して冬は自宅に帰るという方，様々である。

　気になるのは，利用額が初年度の入会金30万円（5年間有効）とさらに一年間の会費40万円，これはあまりにも高すぎはしないかという点である。が，それでもこうした施設を利用して田舎暮らしや農作業を望んでいたということ。そしてこちらとしても納得した点は，それら利用額を月額で換算してみれば，都会で借りるアパートの賃料より安いという点である。

　このようにさきの一坪農園にもまして，地方や田舎で農作業を，それもこれほどの金額を費やしてでも，行ないたいという希望者が，上記の競争率からして，かなり多くいることに驚かざるをえない。

　さらに問題点・不便なところはないのか尋ねたところ，さしてなく，あえて言えば，都会と違い，人的交流の少なさ，冬の寒さ，日用品の購入等々の答が返ってきた。が，それも慣れてしまえばどうということはなく，何しろ自家用の車があり，それに乗れば，至る所にスーパーマーケットやコンビニエンスストア，アミューズメント施設があるので，問題はないようである[10]。

　今後，こうした形態での非農家の農業参画の形態と，そして施設そのものが，上記のように希望者がある限り，発展が見込まれるのではないか。さらにこの形態は前章で述べた非農家の農業参画の有益性，その中でも地方と都会との結びつきや取り結びに，大きな成果をもたらすものと考えられる。

　このクラインガルテンと同様な形態で，規模を大きくしたものとして，「空き家バンク制度」というユニークなものがあり，次にそれを紹介し，検討してみたい。

第3節　空き家バンク制度

　これは山梨市（八王子から電車あるいは高速道路で1時間弱）が2006年9月に開設した制度で，当市で過疎化等により空き家となった家屋をインターネットで紹介し，入居希望者を募る制度である[11]。市と都会住民との交流拡大や，定住を促進することによって，地域の活性化を図る狙いがある。

　空き家を得ると同時に，それらの方々は農作業を行ないたいという希望を同伴している。そうした方々には，その需要に応えるべく，ほとんどの空き家には庭等々の農作業用地が付いているから，これがうまい利点となっている。これにまた近年の「田舎暮らしブーム」「農村定住」，さらには例の「古民家ブーム」，これらが重なって，上記のような都会からの農村定住希望者に，なかなかの好評を博しているようである。

　市への問い合わせは毎日あり，月にすれば80～100件にもなる。空き家の購入となると，クラインガルテンをはるかに超える出費となるが，成約の程はかなり順調で，市の当初の予定をすでに超え，新規の物件を増やし，ニーズに合う物件を探すのに苦労されているようである。

　これも需要は，団塊の世代からのものが多く（全体の7～8割），定年後は田舎への定住か，あるいは都市での居住家屋と別に，田舎・地方に別荘がてら別宅としてのセカンドハウスを一軒持ち，夏場あたりは冷涼な所に居を構え，農作業に親しみたいという方々が中心のようである。やはり，農村への居住と同時に，農作業希望者が多くいることが知れる。

　問題点を尋ねたところ，山間僻地となると交通の不便さ。古民家の場合，老朽化が進んでいるとそれを修理・修復する際，その出費が家を一軒新築する程かさむことがある点。家屋の提供側とすれば，先祖伝来のものに固執した慣習があり，それを見知らぬ人に貸すということに対する抵抗感，また近隣居住者には見知らぬ方の入居の違和感，これらがあるらしい。しかし，交通の不便さは自家用車で解消されるし，他の問題点は入居前に解決すべき問題のようである。よって，クラインガルテンの事例ともあわせれば，欠かせないのが自家用

車の確保ということになろう。

第4節　農地銀行制度

　今までは人気のあるもの，特に都会からの利用度・注目度が高いものを検討してきた。ここで再び地方の現状・実状を知るべく，通常公的機関を通して農地を借りる場合，代表的な制度として，農業経営基盤促進法の農地利用集積計画に基づく農地銀行を見ていきたい。

　農地銀行とは，農業関係者以外あまり知られていないと思われるが，実は同様なものが各自治体にあり，各自治体の農業委員会の下にある機関である。本来は農家が営農拡大を行なう場合，農地の貸し借りの仲介を取り持つのがこの制度である。

　農地貸借は簡単に口約束で行なわれる場合もあるが，その後の問題（よくあるケースは小作権の問題）が発生しないとも限らない。そうした問題を事前に解消すべく，中間に公的機関をおき，契約を精確にしておこうとするものである。そのことによって同時に，農地の貸し借りの便宜と農業の推進・振興を図っている。農地の所在地の自治体が運営を行なっていて，利用者は本来その居住者でまた農家という条件が根本であったが，その条件も現在では幾分緩やかになっているようである。

　例えば通例よくあるケースは，高齢である，あるいは農地を遺産相続したが遠方に居住している，等々の理由から，当該地では農業や農地の管理すらできない場合が多々ある。その際，当地（本町）の場合，農地銀行に申請し，その農地の利用者を求める。利用希望者が現れれば，賃貸契約に進む。

　利用料は山間地等を除いて，通例1反（約10a）2万円である（1m^2では20円）。よって，前項まで見てきた（また次に見る）ケースと比べて，格段に安い。

　しかしそれでも利用者と農地の利用は少ない。当地では，新規の借り手は年間1～2名程度であって，作り手がいない農地・遊休地が目立っている。そうした利用の少なさの理由はいくつかある。

　一つには，借りたい条件に合わないというものが一番にある。非農家が農地

を借りるには面積が広すぎることもある。確かに，機械すらない非農家であれば，いきなり何aも借りるというのは躊躇したくなる要因であろう。家から農地までが離れすぎている。車の置き場がないという理由もある。

次に借りた場合，農家であっても不利益を指摘する。農産物価格は近年，米を始めとして低下する一方であり，農地を借りてまで農産物を作っても，それに見合う収益は見込めないということがよく言われる（この詳細については次章を参照）。よって上記1反2万円でも高すぎるという指摘がある。これは近年の日本の農業の停滞理由そのものを表しているのではなかろうか。

しかし前者の理由は，筆者から言わすと，借りる側のやる気が重要事項と考える。本書第2章で示してきたとおり，機械すらない非農家であっても，数aくらいの面積であれば，日常生活の中で有機農業が十分可能であった。こうした農地銀行の制度は，既述の一坪農園やクラインガルテン等と比べて格段に安価であるから，都会・地方にかかわらず，一般の住民・非農家でやる気のある方に，もっと積極的に活用されてもよいと考えられる。

後者の地代が高いという理由に関して，販売目的で生産する場合，確かにそれで生計が成り立つというわけにはいかない。しかし，第2章で紹介したように，販売や営利目的ではない筆者の形態で，月々3,000円の経費で有機米・野菜の自給体制がほぼ確立できるという，経済的なメリット，農産物に支出される家計出費の節約節倹面があることを，改めて確認してみたい。筆者の試みは，「販売目的」でなく「自家消費」が目的であり，「安全な食料」を「自ら生産し確保する」「そのためのコスト」に重きを置いた算出結果であるが，読者にはこうした経済的側面を，本章最後の第6節で述べる結論と併せて検討してみたらどうかと考える。

第5節　オーナー制度

有機農業にかかわらず，農業の必要性を認めても，農村と離れている，また土と触れるのや虫やミミズが苦手，等々で農作業の実行に踏み切れない方も見受けられる。しかし，それでも農業に参画・関与することはできるわけで，こ

の点で近年注目を浴びているのが，ミカンやリンゴといった果樹，また棚田を始めとした，各種のオーナー制度である。

それらすべてをここで網羅し扱うことはできないため，詳細は注として今まで挙げた各種の文献を参照してもらうほかないのだが，棚田で有名なのは千葉県鴨川市の大山千枚田の棚田オーナー制度である[12]。山間地の棚田となると，以前指摘した分散錯圃の関係から，大規模化は不可能，しかし水田は灌漑や保水・保全のためにもその維持・管理は必要である。特定非営利活動法人「大山千枚田保存会」ではオーナーを募る方法で，当地の棚田を維持管理している。

オーナーとなった参加者は田植え，稲刈り，蛍狩り他が実体験できる。割り当て区画は1区画が1aくらいで，取れた米は自分のものとなる。会費は年間3～4万円であるが，それでも公募は数倍の倍率となっている。

オーナーと一緒に農作業に携わっている人に直接尋ねる機会を得たが，東京から近い点や，非農家でも田植え等々が体験でき，また米が自分のものとして収穫できる点，などが好評のようで，途中でやめるという人はほぼ皆無で，人気好調のほどが知れる。

第6節　ここまでの結論と求められるべき政策

本書第1章で，現在日本の農家・農業を振興する策として，国民の意識の中でも，大規模化・効率化・農産物の輸入自由化によって日本の農業を活性化させる主張と，逆に農業の保護を求める声，この二つの対立状況を見てきた。

しかし，本書では，専門の農家や農業政策を対象とするのでなく，特に非農家であって農業を行ないたい人を対象として，その参画形態のいくつかを本章で見てきた。筆者が行なっている規模くらいなら個人の日常生活の中で農業は可能であることを第2章で示し，その効果を第3章で示し，この第4章ではこうした農業の希望者が実際に非農家にかなりいることを示してきた。しかし同時に，これほどまでに農業参画希望者がいるにもかかわらず，その方々に農業用の土地が潤沢に回っていない状況も見せられた。これは逆に言えば，それほどまでに非農家でありながら，農業参画の希望者が多くいるということの例証

でもある。

　そうした参画希望者に，条件に合う，ニーズに沿う，活用されるべき，農業用の土地を潤沢に供給する。そういう政策が，上記二つの政策の対立項以外の方策として，採られてよいであろう。今まで述べてきた事例から，対象を農家に絞った政策だけでなく，非農家や素人であっても農業にやる気・関心のある人を対象に筆者は訴えてきているというのは，こうした要因と背景からである。

　そこで政策的にも，このような非農家や素人でもやる気や関心のある方々に対して，有効にして様々な形態で農地を小規模でも供給できるようにしていく，政策としてこの道を，第1章第2節で示した主張①・②の対立軸とは別に，筆者は提起したい。これが今まで筆者が提示してきている非農家の家庭内供給的な農業参画展開論の一端である。

　述べてきているように，わが国の食料自給率低下の問題，食の安心・安全の問題，輸入農産物の値上がりの問題，農業問題，地球温暖化を始めとする環境問題，これらは身近なところまで迫っており，その打開策として，非農家の農業参画の積極的な展開を筆者は提起してきた。専門家でないが非農家・一般の方々で，興味・関心・やる気のある方々が，農業に携わりやすくする道，具体的に言えば本章で取り上げた非農家の各種農業参画の形態と方策に関して，地方自治体がさらに振興させ興隆させる方向性を，筆者としては主張したいところである。上の問題の解決には，これが大きな即効性と普及性を持ち合わせていると考えられる。そしてまた，こうした一般の方々で可能な農業振興が，身近なところでの循環型社会・共生経済構築の礎になっていくものと筆者は考えている。

　その具体的な論述は以下の課題対象としておくが，まずは上記問題の解消・是正のために，本稿で挙げたいくつかの非農家の農業参画の形態が，利点を学び，短所を解決すべく，自治体を始めとした各所で振興され展開されることを願うところである。そのための検討材料として，本章での発信が各所の一助になれば幸いである。

　次章以下では，筆者の小規模農業の実践的な取り組みから得られた分析を再

び提示し，その中で上記のような諸個人が行なえる小規模農業，その利点・特長をさらに検討し提示していくこととする。それは特に投入と産出に関してであり，まず金銭的収支の面（第5章で扱う），そしてエネルギー収支の面（第6章で扱う），これらを取り上げ，再び筆者の実践的活動を基に，家庭内供給的な小規模農業の有意義性を再考していくこととなる。

注
1）明峯［1993］pp.233-236。
2）第2章で具体的事例として紹介したのは，筆者が実際に取り組んでいる合計一反（約10a）の農地で，面積3aの畑，3aの水田二箇所の事例であった。これにかかる労働時間は平均して1日に1.5～2.0時間（週休1～2日，ただし農繁期は別），費用・経費は月々3,000円程度（近年では0円），これにて三人家族であれば，完全自給自足とまではいかずとも，ほぼ自給体制が確立できる。機械を所持していない非農家の一個人が，日常生活の一部で，それも一人で有機農業を実行するには，この程度の規模で実行可能である。その点を実践例とともに細かに指摘・紹介してみた。
　　つまり，この程度の規模で取り組むことによって，家庭菜園あるいは一坪農園を一回り大きくしたくらいの規模で，有機農業の取り組みが諸個人の日常生活の一部で可能となることを再確認されたい。
3）甲府市の隣町。人口1万6,000人ほど。詳しくは，「昭和町ホームページ」(http://www.town.showa.yamanashi.jp/) 参照。
4）本章と同様の項目に触れた書物としては，瀧井［2007］を参照。本章のモチーフとしても活用させていただいた。
　　なお，本章は2007年時点での筆者の実地調査であることをお断りしなければならない。本書執筆時において数年ほどの年数が経過し，若干の異同は生じていようが，大きな変更はないものと考えている。
5）この点詳しくは，山本［2005］p.18以降を参照。
6）「楽しい市民農園ホームページ」(http://www.tanoshii.info/siminn/main.html)，他，各種市民農園，一坪農園に関するホームページを参照した。
7）同上。
8）瀧井［2007］p.8, 山本［2005］p.96。
9）「甲斐敷島梅の里クラインガルテンホームページ」(http://www5f.biglobe.ne.jp/~studio-noah/umenosato_test/) 参照。
10）なお，クラインガルテンの整備費上の問題点については，山本［2005］p.156以降を参照。
11）以下「山梨市ホームページ，空き家情報」(http://www.city.yamanashi.yama-

nashi.jp/citizen/akiya/index.html），『山梨日日新聞』2007年11月 4 日日刊，を参照。
12) 瀧井［2007］第 3 章，農山漁村文化協会［2007］,「大山千枚田保存会ホームページ」（http://www.senmaida.com/index.php）を参照。

第5章　半自給農の展開①　稲作のコストと技術

本章のねらい

　前章までで，農家でない方々の小規模農業への参画を説いてきた。そして，実際の参画方法・スタイルも説いてきた。特に，非農家の家庭内供給的な小規模農業への有益性やメリットを訴えてきたのであるが，本章以降はその点をさらにいくつの方面から検討して，再構築し再認識していく。

　まず本章では，稲作・米作りに関して取り上げ，中でも特に稲作・米作りに関する経費と収支の面を取り上げて，検討していくこととする。筆者が行なっている不耕起有機栽培のものと，慣行農法によって行なわれる稲作，この両者の比較検討も第3節にて行なっていくのであるが，何しろこの章で最初に明らかにしておきたいのは，慣行農法によって行なわれる稲作の経費と収支状況である。

　これを確認することによって，一般的に稲作・米作りというものは，現行いかに経費がかかり，その割には逆に収益が少ないものであるか，俗に言うところの儲からないものであるか，これらの点が知れてくるであろう。稲作・米作りは，こうした赤字にも似た状況であるが，それには何が要因でそうなっているのか，その上でこれを打開するにはどのような方途が考えられるのか，これらについても同時に考えていく。

　専門の農家ですら赤字にも似た状況の稲作であるが，対して，本書で提起してきた非農家の農業参画，家庭内供給的な小規模農業の展開から，いかに打開の道・方途を示すことができるのか。そもそも農業用の機械すら所持しない非農家にとって，いかにして稲作が実行できるものなのか，可能であったとして

どの程度の規模でそれは可能であり，自給にまでこぎつけることができるのか。これらをこの章で改めて確認していく。

本章は非農家の農業参画（家庭内供給的小規模農業）の特長と展開，その1であり，経費・経済面での分析である。

第1節　稲作経営の実態把握

本書の第2章で示したように，家庭内供給的な小規模農業であれば，筆者がそこで示した方法によって，非農家でも米の自給は可能であった。それを可能にさせる要因やら条件を考えてみると，一般的に逆説とも思えることであるが，小規模であるがゆえの利便性が重要な要因となっていたのである。例えばそれは，機械に頼る必要のなさ，経費負担の軽減さ，等々である。

本章では，かようなスモールメリットを活かしながら，いかに自給にまでこぎつけられるのか，その前提条件としての規模・面積・時間等々に関して，本書の今までの論述では概略であったものを，筆者の実行実践形態を基にして具体的に再考し詳解していく。

本章は半農半Xの実態経済分析，その改めての稲作・水田編であり，また家庭内供給的小規模農業の展開の一端として，収支分析と合わせた非農家による米の自給体制の可能性の提示である。そして，その中でいかに小規模であるがゆえのメリットがあるか，いわばスモールメリットの提示がこの章からの論題となっていく。

さて，では既述のとおり，まずは実際に米作りを行なっている稲作農家において，米作りに関する収支や経営の状況，これらの実態把握に踏み込んでいきたい。そこで本章での対象は，ここ近隣の農業，それも稲作の現状に分析を絞ってみたい。と言うのは，農業経営に関する統計資料や実態調査の研究論文は多く出されているのである[1]が，全国的あるいは地域内的な平均的数値把握にしてしまうと，個々の具体的な実状が見えてこず，把握されにくいのである。そこで，筆者居住地（山梨県昭和町，以下「本町」と表記）の事例を，一研究対象の事例として取り上げた。これを読者におかれては，前章と同様に一地域あ

るいは「地方」の実状として確認され，自身の居住地との対比・比較を試みられたい。

　しかしそれにあたって，まずいかなる資料が最善であろうか。近頃では，個人情報の秘匿や保護があり，経営規模，収入・所得，経費，収益状況等々，これらが公開されることは差し控えられる状況であって，あるいはまたそれらについての厳密な探求は，いささか困難な状況でもある。それとまた，おかしな話でもあるが，実際の農家であっても，稲作に関する全収支を厳密に記録・算出計算し，どのくらいの米価の販売価格で元が取れるものであるのか，あるいは米作りはよく赤字だと聞かされるが，どれほどの赤字の状態なのか，これらをすべて網羅し把握できているという実状でもないようである。

　と言うのも，それらは確定申告の際，必要な数字ではあるが，農家の場合，自家消費分がどのくらいなのか不明確な点や，そこからいわゆる家事関連経費との差が不鮮明なことがよくある。また稲作は今や，田植え機や稲刈り機など，すべて機械に頼る形であり，その耐用年数と減価償却や，また修理・修繕の費用となってくると，厳密なまた平均的な経費の算定は，当該一年間だけの判断では難しい。そうした困難性から，当該年の米の販売収益だけで，通年を通して米作りは完全に赤字か黒字かは，断言できかねるというのも正直なところであろう。米作りはよく赤字だと聞かされるのは，おおよその把握・判断というのが実状でもあろう。

　このように様々な問題があるところではあるが，しかし実際に米作りにはどのくらいのコストがかかり，現行の販売価格はどのくらいであり，そこで厳密に収支計算をして，米作りは本当に元が取れず赤字経営となっているものであるのかどうか，これらを何とか実際のそして身近な数値から確認できないものであろうか。そこで，以下では次のような方法によって接近・追究していきたい。

　ここに本町で作成された2008年度の「農事賃金標準額」を掲載した（85ページ，表5-1）。これは町役場，農業委員会が主となって決定するもので，各農家に回覧される。各農家はこの賃金額を基にして，該当の仕事を行なってもらった場合，その代金の支払いを行なうわけである。

今では，各農家はほとんどが稲作用の機械一式（トラクター，田植え機，稲刈り機，脱穀機，軽トラック等）を所持している。本町近辺の通例として，農業従事者の高齢化や寡婦となった場合などにおいて，農業用機械を使用できず，また後継者もなく，さりとて今までの水田を遊ばせておくわけにもいかず，知人の農家にこれらの作業を行なってもらい，稲を作っているケースがよくある。その際の支払いも，本町ではこの賃金額が適用される。いわば農業（稲作）の請負作業の標準賃金額を表している。
　この賃金額にしたがって，10a（1aは10m×10mで100m^2，10aは約1反，300坪）当たりで米を作ったとして，いったいどのくらいの経費がかかるのか。そして，収益や利益はいかほどか，これを以下検討してみる。また，農業用機械を購入した場合との比較を，その後に行なう。

1．10a当たりの経費面

　まず，ここ近隣の稲作の方法を確認しながら，それを表5－1の賃金額に従って，各行程を委託して行なってもらった場合，どれほどの経費がかかるのか，ここから確認していく。
　ここ近隣の稲作では，まずトラクターが入るのが，最低でも，①稲の刈り入れ後に1回，②春の施肥前後に1回（これが「荒起し」を兼ねる），③そして「代掻き」の時に1回行なう。あるいはまた，①と②の間か，②と③の間に，一度あるいは両方入る場合がある。よって，計3回から5回となるが，最低ラインで経費を算出していくこととし，3回の方を選択し，以下に進みたい。
　これを表5－1の賃金額でどのくらいの支出になるか。上記の代掻きを含めた最低3回の耕起を依頼した場合，「耕起と代掻き」1回，「トラクター耕起」1回，に該当する。圃場整備をすませてある長方形の土地では，耕運が行ないやすいため，23,000円，その他の土地では矩形にはなっておらず，行ないにくいということから，25,000円と，このような違いになっている。よって，この耕起だけで，23,000円（圃場整備地内）から，25,000円（その他の土地）の経費・支出となる。
　同様にして，次の作業，田植えを見ていく。もはや現在，手で苗を植えてい

表5-1　平成20年度昭和町農事賃金標準額表

種別		摘要	標準額	備考
稲作	耕起と代掻き（トラクター, 耕運機）	10a 当たり	15,000円	圃場整備地内
			16,000円	その他
	トラクター耕起	10a 当たり	8,000円	圃場整備地内
			9,000円	その他
	代掻きのみ	10a 当たり	8,000円	圃場整備地内
			9,000円	その他
	機械田植え	10a 当たり	9,000円	圃場整備地内
			10,000円	その他
	稲刈　バインダー	10a 当たりひも付	9,500円	圃場整備地内
			10,500円	その他
	稲刈脱穀　コンバイン	10a 当たり乾燥まで	20,000円	圃場整備地内
			21,000円	その他
	脱穀（ハーベスター）	10a 当たり脱穀のみ	8,500円	助手等は雇主
	水稲育苗	1箱	893円	配達代別
雇人（一般農作業）		時給	1,000円	

資料：山梨県昭和町役場〔2008年〕p.26。
注：1）標準額については，消費税込みとし，賄いはなしとする。
　　2）稲作作業の場合，燃料は請負者持ちとする。
　　3）同一作業内容の場合，男女同一賃金とする。
　　4）田植えについては，雇主が助手等をつけること。
〔以下省略〕

る人は皆無である。新聞やテレビの報道では手植えの作業を目にするが，ほとんどがイベントか，機械植え後の補植作業である。今日，狭い面積であっても，田植え機を購入して田植えをすませるか，所持している農家に依頼して田植えを行なってもらっているのが，現状である。田植えの時期は5月下旬，入梅前であるが，この田植えを依頼して行なってもらった場合，いくらかかるか。表5-1によると，10a 当たり，9,000円（圃場整備地内）から，10,000円（その他の土地）となっている。よって，上記の耕起とこの田植え，これらの累計で，32,000円（圃場整備地内）から，35,000円（その他の土地）となる。（累積額等の計算算出については，後掲の表5-2〔101ページ〕も参照。）

次に稲刈りと脱穀を見ていく。稲刈りも，昔は手作業であったが，今ではす

べて機械が行なう。時期は9月下旬から10月上旬。この場合，コンバインで稲刈りと脱穀を同時に行なってしまう場合と，稲刈り後，天日干しをして，その後，脱穀，この2種類あることは，周知のとおりである。稲刈り後の天日干しの「はざ掛け」作業は，高齢の方には無理であるため，コンバインで稲刈りと脱穀を同時に依頼すると，20,000円（圃場整備地内）から，21,000円（その他の土地）である。よって，ここまでの累計で，53,000円（圃場整備地内）から，56,000円（その他の土地）の支出となる。

　機械を搬入して行なってもらう作業と，その賃金としての支出額は，以上である。が，これだけで米が作れるわけがない。その他に必要なものを抜粋するだけでも，以下のものを購入し，支出しなければならない。

　A．肥料代：筆者の聞き取り調査の結果，各農家によって違うが，コシヒカリを栽培する場合，少なくとも2種類の化学肥料を使用。それだけの肥料代は，ホームセンターで購入した場合，10a当たり10,000円であった。

　B．除草剤：現在，除草作業はほとんどが除草剤に依拠。手取り除草や合鴨による除草は，ここ近辺では行なわれていない。通常，除草剤を田植え後，数回散布。10a当たりの一回の使用に，購入代金は1,000円〜3,000円強。

　C．苗床にかかる床土・種籾他：通常，今では既述のとおり，田植えは機械植えのため，苗作りは昔ながらの苗代による方法ではなく，育苗箱による成苗方法が取られている。このため，肥料が配合された市販の床土を購入しなければならない。また，健苗（健康なしっかりした苗）を作るため，自家採取の籾ではなく，種籾を購入した場合，その支出が伴う。ちなみに，これらをすべて委託して，苗を購入した場合，表5－1に従って見た場合，「水稲育苗」の1箱購入で，893円である。ここ近隣では，10a当たり，20枚の苗床を用いる。よって購入した場合でも，893円×20箱＝17,860円の支出である。

　D．この他に，細かいものとして，鳥除けの防鳥糸やテープ，その他，もろもろの農作業用具。現実にこれらを支出しなければならないのだが，これは農家であれば所持しているものと考え，ここでは含めずにおく。

　これらはおよそ，農協や肥料販売店等々に一括して注文し，その後に支払いをすませることになっている。その支出額だが，これについては，各農家に

よって違い，また年によっても違いが生じるが，筆者の聞き取り調査でも，10a で年間およそ30,000円ということで，上記3点を合計した額にほぼ等しい。

よって，ここまでの積算累計で，83,000円（圃場整備地内）から，86,000円（その他の土地）の支出となる。このように，最低の経費を算出した場合，83,000円から86,000円となるが，この他にも予期せぬ何がしかのものがかかるであろうから，最低水準でおよそ90,000円と見積もっておきたい。

これを基にして，以下の検討を続けるとして，繰り返すが，これが稲作の最低ラインの経費であり，10a で稲を作るとして，最低でも一年間このくらいは用意しないと実行できないこととなる。

2．10a 当たりの収穫量と，販売した場合の収益

さて，これだけの経費をかけて，10a でいったいまずどのくらい米は収穫できるのであろうか。そして，それを販売した場合，どのくらいの収益となり，利益分は出るのであろうか。これを次に見ていく。

10a 当たりの米の収穫量は，当然その年の天候等によって大きく変動する。昨年のケースがあてはまらないのが常である。それでも，ここ近隣のケースからして，よく取れた方の収量を期待して，10a 当たり，籾で10俵（600kg）として計算してみたい。

今まで経費面を見てきたが，最終的な問題は，この収穫した米1俵が，その年いくらで売れるかにかかっている。これが肝心要の点であり，稲作農家のまさに生命線となってくる。ここでは，一応近年問題となっている1俵＝13,000円の水準で検討してみたい。

10俵取れて，それをそのまま販売したとして，130,000円の販売収益。前項で見た経費面が，最低でも90,000円かかるから，単純計算して，その差である利益は，10a 当たり40,000円となる。これを10a 当たりで算出される基礎利益（簡単に言って「手取り」）とし，以下でも用いていく。ただし，この数値は，経費を最低水準に抑え，さらに米がよく取れた場合での計算であったこと，これは改めて確認しておく必要がある。

さて，実際の利益を考えていくと，ここまでは自家消費分を差し引いてな

いので，それを除外して検討していく。近年の例で，年間成人一人当たりの米の消費量は，以前の章でも示したが，精米でおよそ60kgであった。上記の籾を精米すると，3割は籾殻，米糠である。よって60kgの精米を得るには，籾でおよそ86kgが必要。三人家族であれば，258kgの籾が必要。これを自家消費に回して，さきと同様に，1俵（60kg）＝13,000円，1kg＝217円の計算で，10俵（600kg）取れた後，自家消費分を差し引いて計算すると，

- 一人家族であれば，
  （600kg－86kg）×217円－90,000円＝21,538円
- 三人家族であれば，
  （600kg－258kg）×217円－90,000円＝▲15,786円

である。

　よって，このように販売価格1俵（60kg）＝13,000円で算定した場合，次のことが言える。一人家族であれば，自家消費分以外に幾分余剰米が生まれる。それを販売すれば，年間21,000円くらいの利益を得ることが見込まれようが，三人家族の場合では，10a当たりの規模では，自家消費以外の余剰米を販売しても，利益を得ることはできないということになってくる。

3．ここまでの結論①

　ここまで確認してきて解るように，水田10aという規模とよく取れた年の収穫量を見込んで，稲作を行なった場合，自家消費分を上回るほどの収穫量は期待できるのだが，年間の経費が少なく見積もっても90,000円かかる。そして，販売価格1俵（60kg）＝13,000円で算定した場合，三人家族の場合では，自家消費分が多くなることもあるが，余剰米を売っても元が取れない，いわゆる赤字となってしまうのである。

　理由は簡単であろう。今まで見てきたように，この場合，経費がかかりすぎること，そして米の販売価格が安価であるからである。

4．規模を拡大した場合の収支

　ただ，三人家族の場合でも，10aという規模だけでは，このとおりであっ

が，もう10aあるとすれば，どうであろうか。いわゆる規模を拡大させて，スケールメリットや効率化を図る論理の基になる考えがここにあるのだが，今度はそれに関して検討してみたい。

今まで10aで算出してきたが，もう10a自家の所有地があるとすれば，確かにそこには自家消費分は入らなくなり，収穫した米はすべて販売できることとなる。つまり，本節2で示した基礎利益40,000円が，まるまる入ってくる計算にはなる。このように，作付面積を広げる場合，すべて自家所有の農地であれば，10a（約1反）当たり，年間40,000円（100a＝1ha〔約10反＝1町歩〕だと年間400,000円）の利益が見込まれる。しかし10a＝約1反で，一年間40,000円である。一ヶ月当たりでは，3,333円。

が，農地を借りて稲作を行なった場合は，どうなるか。規模を拡大して，作付面積を広げる場合であっても，忘れてはならないのが，地代という土地の借り賃である。農地を借りて稲作を行なった場合，土地の借り賃，つまり地代が，本町の場合（あるいは全国平均的な額でもあるが）町役場と農業委員会を通して借りる際，前章で示したように，当地では10a当たり年間20,000円である。よって，上記と比較して，10aで，40,000円（基礎利益）－20,000円（地代）＝20,000円という利益が見込まれる。田を借りて行なうとしても，このように10a（約1反）当たり年間20,000円であるから，100a＝1ha（約10反＝1町歩）を借りて行なった場合となると，年間で200,000円の利益が見込まれるという計算になる。

いかがであろうか。平均的なサラリーマンの所得と比較して，いかに米作りは金にならないかが，お解りいただけると思う。

5．農業用機械を購入した場合の比較

今までの算出は，すべて表5-1による委託業務によって，その際かかる代金を経費として支払って，10a当たり，またそれを超える面積で米を作った場合の推計である。業務を委託すればこのように10a当たり最低でもおよそ90,000円の経費がかかってしまうのであるから，ならば農業用の機械が自身で使えるとなれば，それを購入して稲作を行なうか，という考えは至極当然であ

る。この検討に以下移っていくが，また，古くなった機械を買い換える場合も，同様な検討がなされなければならないのである。つまり機械の購入，いわば設備投資をして，その返済や収益を比較して，長期的な視点で稲作を見た場合では，どうなるかということである。

そこでまず，いったい農業用機械とはどのくらいするものか，そしてどれだけそろえれば稲作ができるものか，ご承知であろうか。本節では，ここ近年の稲作の方法を確認してきたが，これを委託でなく，自身で必要な機械を購入していった場合，必要となる機械，それも最低額のものを以下に抜粋してみる。

大手農業用機械メーカーY社のホームページを開くと，各機械の最低額は以下のとおりであった[2]。

・トラクター，100万円。
・田植え機，40万円。
・コンバイン，120万円（ちなみに，コンバインに頼らず稲刈り機〔バインダー〕と脱穀機を購入してすませると，稲刈り機40万円，脱穀機50万円で，両者で90万円となる。ただしこの場合，天日干しのはざ掛け作業を行なう必要があり，その際，天日干し用の棒・パイプが必要となってくる。その費用は10a〔約1反〕で，最低でも5万円以上）。この他に，搬送用に当然軽トラックが必要になってくるが，ここでは稲作に必要なものに限定するとして，一応それは除外しておいた。

よって，これらを購入して稲作を行なうとなると，購入合計金額の支出は最低でも260万円となる。耐用年数は10年から20年として，年賦で計算すると，1年当たり13万円から26万円の負担である（メンテナンスを確実に行ない，すべての機械が仮に30年もったとして，1年当たりの負担額は，約8.7万円。10a当たりを機械に頼らず，稲刈と脱穀まで，すべて委託した場合の額をすでに算出し，本節86ページで5.3～5.6万円と示したが，既にそれを上回っている）。

改めて本節4と比較・検討されたい。4で見込まれる利益の水準を，自家所有地か借地か，さらに各々の規模と，これらを合わせて示したが，稲作において機械を購入して作付面積を広げたり，世上言われるように規模を拡大してみても，また設備投資をしたとしてみても，稲作・米作りというものは，いかに

収益が少なく，また負担額が大きいか，お解りいただけたのではないだろうか．

6．ここまでの結論②

このように，稲作経営は当地の農家にとって，非常に過酷なものとなっている．そうした過酷な経営状況は，全国的に見ても大同小異ではないだろうか．

ここで，今までの計算例を基に，改めて確認していくとして，機械の購入に頼らず，機械作業の工程を委託して行なったとして，10a（約1反）三人家族のケースでは，余剰米を販売しても，元，すなわち最低限の年間9万円の経費，この全額は取り戻せなかった．

規模を広げて，100a＝1ha（約10反＝1町分）で計算していくと，年間，自家所有地で40万円，借地だと20万円の利益が見込まれる．しかし，規模を拡大した場合に，必要な農業用稲作機械を考えて，その機械を新規購入したとして，購入機械の負担額が，10年から30年のスパンで単純計算した場合，1年当たり約8.7万円から26万円という額になる（ただし，機械にかかる燃料代・維持費は除いて）．

機械を購入せず，従来のものを活用して行なったとしても，年間の利益は改めて自家所有地で40万円，借地だと20万円という見込みであった．これが以上の算出推計のまとめである．繰り返すが，年間の額である．

このように稲作経営は，いわゆる実入りが少ないものになっている．その要因を本章での分析結果から改めて尋ねてみると，すでに本節3でも示したが，要因は総じて農業用機械や肥料関連の各種費用，請負った場合に関わる支出，これらの経費の負担が非常に大きいこと，対して米の販売価格が近年頓に低下傾向にあって，安価な収益しか得られない，この二点に集約されるのである．

近年，原油の高騰から肥料代他が上がってきている．まさに，鋏状価格，シェーレ現象である．よく，「米（籾）の販売価格が1俵＝13,000円の水準を切ったら，原価倒れ，米は作らないほうがまし」という話を聞かれた読者もあろうかと思う．本節では，その販売価格1俵＝13,000円という価格で試算してきたが，この水準が稲作農家にとって，いかに過酷なものか，認識できたのではなかろうか[3]（実は驚かれるかもしれないが，近年はこの販売価格1俵＝13,000円とい

う水準より，さらに生産者の米の販売価格は低下しているのである。その詳細は第7章で扱っていく）。

こういう状況をいかにして打開し・解消させていくか，その検討は次節や次章以降に回すとして，稲作経営がこのような状況であるとすれば，もう少し事態の推移，その後の問題の展開まで確認しておく必要がある。

7．事態の推移　問題の展開

確かに，機械化によって，従来の過酷な農業，とりわけ稲作に関わる重労働は極めて軽減された。この点は読者もすでにご承知のはずである。かつては自らの人力か，あるいは他者の力を総動員して借り，さらにまた家畜の力に頼り，早朝から何日もかけて行なわなければならなかった稲作の各種工程の作業。本節でも田起こし，代掻き，田植え，除草，稲刈り，脱穀を取り上げ見てきた。これらはもはや機械か，化学肥料，化学薬品を使用することで，一日あるいは半日，さらには数時間で完了するようになったのである。まったく機械の力には驚嘆するものがある。

その結果，稲作はどうなったか。各種工程作業に必要な労働時間は極めて短い時間となり，旧来より簡単に稲作は可能となった[4]。となると，稲作には機械と化学肥料・化学薬品の使用が必要不可欠となり，あるいはまたそれを購入しなければならない金銭が必要となった。一方で，機械化によって稲作の重労働から解放されたことから，会社勤めをして給与所得を稼ぎながら，その収入で機械を購入し，会社勤めを行なう傍ら，空き時間によって，機械で稲作の各種工程作業を完了させていくようになったのである。いわゆる兼業化，副業としての農業，こうした形態に稲作は変わっていった。

このように生産する方でも，機械化によって稲作に必要な労働時間が大幅に低下し，手間がかからず米は作れるようになったこと，その他に米を消費する側としても，食の欧米化・多様化から消費者の米の消費量も低下したこと，あるいはまた理由は他にも多々あろうが，何しろこれらによって米の価値と同時に米の価格・値段も低下することとなった[5]。

このような結果・結末として，稲作による収益性は，今まで見てきたように

低下してきているのである。機械化によって肉体労働の苦痛は減り，これはこれで喜ぶべきことであったのだけれども，それと引き換えに，米の価値・価格は下がり，米作りは儲かるものではなくなり，経営状況・収支状況はだんだんと苦しく困難になってしまったのである。稲作に必要な各種の機械や化学肥料・薬品等々，これは高額であるけれども必要である。なければ作れない。しかしそれにて米を作ったとしても，それに見合う値段で米は売れない。このように米作りには経費や出費が現にこれだけかかるのだけれども，しかし売る際には安い値段となってしまう。おかしな話ではあるが，これが現在単純化した稲作の姿と収支状況である。

　稲作経営がこうした状況で，米を作っても儲からない，元が取れないものとなると，米作りはしだいに振わなくなった。これに農作業を行なう人の高齢化の問題が重なっている。職種的にかつての３Ｋということ以外にも，ただでさえ稲作は実入りが少ないのであれば，後を次ぐ者は必然と減り，後継者も僅少となってくる。作り手の高齢化はここからも進む。

　高齢化となると機械操作もままならない。稲作あるいはまた農業は経営上採算が取れない。作り手もいない。となると，結局水田や農地は別な用途に切り替えられていく。農地・土地の所有者からすれば，こういう状況であれば，切り替えざるをえないのである。そうした農地の多くは，マンション・アパート経営，各種の店舗用，あるいは駐車場へと変わっていく。こうして，水田とともに農地が消えていく。

　しかし，転用できる場合ならば，状況はまだよいのかもしれない。別な用途への転用が適さない箇所の農地などは，高齢化・後継者不足が重なれば，完全に手を入れることすらできなくなる。かくして，休耕地・遊休地，そして第１章の補節で見たように荒地，耕作放棄地となっていく。農業，広くは第一次産業が揺らぐと，その地域社会・地域経済も陥没するかのように衰退していくというのは，まさにこうした事態と状況を言うのであろう。これは水田に限らない。農地あるいは農業全般に総じて言えるところであろう。

　こうした状況を，我々は今，現在進行形で見ているのである。これが農業の機械化・近代化の，行き着く先だったのであろうか[6]。

第2節　各種の論調を再考する

　このようにして現在，稲作を始めとした日本の農業は，いくつかの大きな問題を抱えているのである。現実と現状をこのように知った上で，ここでまた各種の政策や主張・見解を見ておくのが有益であろう。

　すでに第1章の第2節で日本の農業を今後どうしていくのか，対立する二つの見解を示しておいた。その中の主張①では，大規模化・規模拡大を図る，それによってスケールメリットが生じ経営の効率化が果たされ，米価の低下が可能となるという見解があった。一般的によく聞かされる見解・主張である。

　しかし本章前節の検討からすれば，実際問題としてどうであろうか。現実と現状をこのように知った上で再考してみれば，単に大規模化・規模拡大を果たせばコスト削減が果たされ，国際価格の米価水準にも近づく，価格的にも競争力あるものとなる，こうした論調には，筆者としては難色を示さざるをえない。

　と言うのも，たとえ規模を拡大したとしても現行，米による収益性が上がるものであろうか。儲かるものになるのであろうか。前節での現状からすれば，規模拡大から価格低下・競争力強化と，事態の進展がそう簡単・安直に進むものではないことは，認識されたのではあるまいか。

　まず，すでに現行の生産者米価の水準は，原価ぎりぎり，収益性ゼロのところまできていたのであった。そうした状況下で，大規模化してさらにコストダウンが果たせるものかどうか。そしてたとえ規模を拡大したとしても，前章で示してきたように，収益は少ないし，その上それにかかる経費の負担もまたままならないのである。たとえ米を低価格で販売したとしても，それにて元が取れ，果たして採算が合うのかどうか。今までの状況を知るならば，とてもおぼつかないのではないかと推察できる。

　そこにさらにまた，近年の消費者の米離れ，米の供給超過とだぶつきもあって，そこからさらに米価の低下傾向が生じている。これらからして稲作による収益性は一段と厳しいものとなっているのである。これ以上の価格低下・競争力強化，さらに米農家の経営と体質改善が，規模拡大で安直・単純に達成可能

かどうか，改めて考察されたい。

またこれとは別に，以前の章でも見てきた分散錯圃地の問題，中山間地域の問題，こうした所の問題を考えなければならない。このような箇所でこそ農業・農村は特に荒廃しているのであって，簡単には大規模化できない中山間地域や農山村の解消策こそを，考えていかなければならないところである。

これに付随して，株式会社の導入によって日本の農業を立て直すという指摘も第1章第2節の主張①にあった。現状流布している農業政策として，農業に株式会社を参入させる方法は，政策としてもよく聞かされるものである。

しかし果たして実際に実行してみた場合どうか。企業の論理からすれば，おそらく効率性の面を重視し，大型の圃場整備された矩形の田を選択するのが一般的であろう。となると，中山間地の棚田のような田は，企業の効率化を求める論理からしてみれば，敬遠され，選択からはずされてしまうことであろう。これではその復興に直結していかないのではないだろうか。

このように第1章第2節の主張①，中でも規模拡大を求める見解，株式会社の参入を求める見解，これらが特に荒廃する農村と農業の復旧，これに結び付いていくものであるかどうか。筆者としては今までの検討からして，疑問とせざるをえないところである。

第3節　稲作の不耕起有機栽培での取り組みと，慣行栽培との対比

ではいったいどうしていけばよいのか。本書ではこれを常に探求している。そして，本書で今まで示してきた筆者の半農半Xの実態経済分析や，非農家による家庭内供給的小規模農業の展開論から，現行の稲作経営がこうした状況であれば，事態の打開のために何が提起されるかということになってこよう。そしてまた一般の方々で，特に農作業への参画希望者の方々には何がどこまでできるか，この点を本書の課題としておいたのである。それを念頭におきながら，以下再考していきたい。

1．半農半Ｘ，市民の農業参画からの打開案①

　まず改めて，前章までの内容を振り返っておく。筆者は既存の問題に鑑み，解決の糸口を探るべく，ここ約十数年間，稲作を自らに課してきた。筆者は農家ではなかった。農業用の機械も所持していなかった。通常，こうした者は今日稲作ができようもなく，さりとて農業用機械を賄って本章第１節の方途をもって稲作を実行したとしても，赤字負担は目に見えている。そうした稲作による収益性のなさ，経営圧迫は本章第１節で詳説し確認してきたとおりである。このような轍を踏んでいく限りでは，状況は何も変わらず，堂々巡りというところであろう。

　こうした中，筆者が自ら与えた課題あるいは疑問は，かつて述べたように，米作りは非農家で機械がなくとも遂行できないものかどうか，もし手作業で実行可能であるとすればどの程度の規模で可能なのか，日常他の仕事を持つ者でも空き時間を利用して可能かどうか，それも有機農法によって可能かどうか，それに必要な労働時間と費用はどのくらいなのか，その場合費用と労苦が多すぎ，市場流通米を購入した方が安くつくことになるのか・ならないのか，これらをすべて確かめてみることであった。

　さらにここから派生してくる，そして自らに課した課題は，なるべく機械に頼らず，また金銭的な支出を少なくし，つまりはコストを少なくしながら，そのためには手作業，あるいは昔ながらの方法で遂行していくこと。となると，さらに農薬（除草剤も含む）・化学肥料を一切使わない有機農法で，というものであった。これにて機械のない非農家でも，空き時間を利用した形で，有機農法による米作りの実行可能性を探求する，これを課題対象として取り組んできた。

　この点に関して得られた結論とすれば，すでに第２章で示したように，稲作および米作りは非農家でも，農業用の機械を所持していない者であっても，家庭から出る生ゴミなどの廃棄物を利用した有機農法によって，かなりの程度，実行可能である。となると，これによって第３章で示した非農家の農業参画の有益性と実行可能性とが，改めて確実なものとなっていくであろう。この点を

本章本節以降では，特に訴えていくこととなる。

　その第3章で示した非農家の農業参画の有益性を，抜粋して再確認しておくと次のとおりとなろう。一つに日常面での効果・有益性として，食の安心・安全面，家計の経済面を示したが，つまり筆者のような不耕起栽培法にて有機栽培の米を自給した方が，食の安心・安全面は確実なものとなるし，また米を購入してすますよりずっと経済的となる。非農家でもこのように休閑地等を利用して，安心・安全な自給用の米を，それも安く作ることが可能であるとすれば，食の安心・安全面，家計の経済的効果（節約節倹面）はさらに確実なものとなっていこう。

　さらには農作業にいそしむことによって，自身の健康面・精神面によい効果が期待できることも触れておいたとおりである。また環境面としては，家庭から出る生ゴミをすべて土に帰す有機的な循環を作っていくから，ゴミの減量化，また可燃物の減量化と二酸化炭素発生の抑制効果が期待できる。そして有機的な循環リサイクルから，土壌微生物の活性化，土の肥沃化と土壌の保全が実行でき，自然環境・地球環境の保全に貢献できる。これらが循環型社会・共生経済構築の礎になるだろうし，非農家が農業や稲作に参画することによって，休閑地から耕作放棄地への進行阻止の一助となることが期待できる。これについては本章で特に訴えたい点であって，後節でさらに触れていく。

　これらの点を述べ，まさに農業の持つ多面的役割・機能が，非農家の農業参画から創出されていくことを強調してきた。

　担い手としても繰り返すが，現在，ガーデニング，家庭菜園・一坪農園，田舎暮らし，週末（土日）農業，半農半Ｘ，これらがブームを呼んでいた。第4章で見てきたとおり，団塊の世代を中心に，農業への関心あるいは実際に行ないたいという方々は決して少なくなく，かなりの程度多くいるのである[7]。

　こうして非農家の農業参画，水田編においては，一石二鳥・三鳥以上の効果が期待できるのであり，この作用と効果を，農業・稲作はもともと具備していたと言ってよい。総合して，このように食料・農業・環境問題に資すること大と考え，まさに非農家の農業参画によって，上記の展開が進展していくことが企図できることを，本章から改めて訴えていきたい。

2．不耕起有機栽培の実際と，特にその経費

　では以下，非農家において機械に頼らない形で，自給用の有機米を産出する実際の取り組みの概要・条件・実例を，ここでは特に収支の面について，慣行農法で見た本章第1節の場合とを比較・対象させて詳解していく。そして一人当たりで米の自給体制を確立させるための規模・面積・必要労働時間を再考し，それにかかる費用の詳細を本節で示していく。本章第1節の稲作を慣行農法とすれば，筆者の試みは名付けて不耕起有機栽培による稲作であった。なお，米の不耕起栽培というと，冬季湛水のものが有名だが，筆者の場合はそうではなく，冬水を張るものではなかったことも断っておいたとおりである。

一人当たりの米自給に要する面積・規模

　まず現在，日本人は一人当たり年間どのくらいの米を消費しているか，そしてそれを産出するためにはどのくらいの面積の田が要るのであったのか。これについては現行の統計データと筆者の実際の取り組みから，すでに実例をもって示しておいた。現行日本人一人当たりが一年間に消費する米，これがおよそ白米で60kgである。そしてそれを産出するための田の面積を考えると，余裕を持たせて1.5aくらいの面積があれば可能。これらは第2章などで再確認されたい。

　筆者の事例だが，田に関しては計約6a，（その他，畑が約3a，また資材置き場や草刈り場などがあるから，しめて約1反〔10a〕）の農地を借りて，有機栽培による稲作・農業を行なっている。労働時間は午前中の空き時間を利用した形で，1日1.5〜2.0時間，そのうち雨の日や週1〜2日は休む（農繁期は例外とするが，1日1.5〜2.0時間枠はなるべく遵守する）。これを前もって自身に定めておいて実行してきたのである。機械は所持していなかったことも述べてきたとおりである。

　つまり，こうした取り組みと実践活動とその確認から，ここで提起したいのは，このように日常の空き時間を利用した形で，自らが労働を投下し一定の労苦さえ厭わなければ，家庭菜園か一坪農園を大きくした規模で，機械に頼りき

ることなく，米でも自給可能であるという点である。そして，上記一人当たりの規模面積1.5a にした場合，費用や労働時間は上記より少なくて可能となる。ではその詳細を示していこう。

労働時間と費用（不耕起有機栽培と慣行栽培との各工程・収支の比較）

その筆者が行なっている不耕起栽培の稲作の詳細，同時に本章第1節の慣行栽培と対比させた各工程の詳細，労働時間の概略，(なお労働時間のさらなる詳細については次章で一つの検討課題として扱う)，またここでは特に金銭的な収支状況を具体的に示していくとすれば，次のようになる。本節でも以下のように慣行栽培の事例と比較・対照させていくが，更なる確認のためには，筆者の稲作の不耕起栽培は第2章第1節の3を，そして慣行栽培によるものは本章の第1節を，それぞれ対照されたい。

まず，本章第1節の最初に確認したトラクターによる耕起や代掻きだが，筆者の場合これは一切行なっていない。完全不耕起であるため，一切耕耘はしていない。これは省力化と，不耕起栽培による利点（除草・抑草効果，土の根成間隙と土中動物の育成）とを狙ったものであった。よって経費はかからない。

田植え。田植えは慣行栽培の場合，機械植えであった。筆者の場合はそれでなく，手作業で行なっていた。よってこれも経費はかかっていない。ここで必要な時間の概略だが，例えば3a くらいの規模であれば，のべにして約11〜14時間というところである。よってさきの一日1.5〜2.0時間の労働時間で，5〜7日で終わる。上記で，一人当たり自給するための規模面積を1.5a と示したが，その規模面積で考えた場合，単純計算からすれば，上記の半分となろう。

稲刈りとはざ掛け，脱穀に関して。慣行栽培の場合，すでに見てきたように，稲刈りとはざ掛けも，これらは今すべて機械に頼っている。しかし筆者の場合，以前と同様に，手作業で行なえている。よって経費はゼロである。3a くらいの規模であれば，必要な労働時間の概略は，上記と同様に一日1.5〜2.0時間の枠内で，同じく7〜8日である[8]。また同じく，一人当たり自給するための規模面積の1.5a で考えた場合，単純計算からして，この半分となろう。

このようにほとんど機械に頼らず，手作業で実行可能であり，経費もかから

ないのだが，筆者の経験上，ただ唯一，現在手作業で困難なのが，脱穀の作業である。いかにしたら可能か，検討してきた結果，以前は知り合いの農家に依頼してきたが，近年では足踏み脱穀機と唐箕を使用していることは述べたとおりである。

　肥料と除草。これは有機農法のため，化学肥料と除草剤を含む農薬は一切使わない。家庭から出る生ゴミ，夏場刈り取った草，米糠，これらによって堆肥を作る。それを晩秋，田に表面散布。あるいは刈り取り後の稲藁，また米糠を散布。近年コイン精米機が普及したため，米糠はその処分に困っているという所もあって，筆者らが頂戴し利用している。このようになるべく廃棄物を利用するように心がけている。

　こうしていくことで，かなりの程度，循環型・環境保全型の農業を追求し，それがこのように実行できている。肥料が足りない場合などは，市販の鶏糞等々を購入して散布することもあったが，近年は稲作にかかる肥料代はほとんどゼロに近い。除草は不耕起栽培であるため，通常の除草作業ほどの労苦はいらない（ただし，田によって差はある。ぬかる田〔やわらかい田〕は通常田のように除草作業が必要だが，不耕起田であれば歩くのに容易であったことも述べたとおりである）。よって，除草剤に頼る必要はない。

　育苗は苗代で行なう。種籾は自家採種によって，前年のものを用いる。これによって経費は皆無。

　表5-2を作成し，表5-1と対比した形で，経費の状況を示しておいた。さきに一人当たり米を年間自給するのに1.5aの田が必要としたので，表5-2では3aで対比させたものの半分として算出し，表に記載してある。これが，1.5aという現行一人当たりが要する年間の米を産出するための土地面積分で，その面積において筆者の農法によって，実際に年間に食する分の米を生産した場合の必要経費として，確認されたい。

　つまりここからの一つの結論として，上記の条件さえ整えば，そして一定の肉体的な労働を厭わなければ，一人当たり年間数千円の経費で，自身が食する一年分の米は自給できることとなる。これが労働の持つ創造的な役割，それと大地の恵みというところであろうか。

表5-2　慣行農法と不耕起・有機農法との経費比較

(単位：円)

	慣行農法		不耕起・有機農法	
	10a あたり	3a に換算	3a あたり	1.0～1.5a に換算
トラクター耕起・代掻き	23,000～25,000	6,900～7,500	0	0
田植	9,000～10,000	2,700～3,000	0	0
稲刈・脱穀	20,000～21,000	6,000～6,300	2,550	850～1,275
肥料代	10,000	3,000	ほぼ0	ほぼ0
除草剤	1,000～3,000	300～900	0	0
育苗	17,860	5,358	ほぼ0	ほぼ0
小計	80,860～86,860	24,258～26,058	2,550	850～1,275
地代	20,000	6,000	6,000	2,000～3,000
合計	100,860～106,860	30,258～32,058	8,550	2,850～4,275

資料：表5-1より算出，また本文参照。(これはかつて筆者が脱穀を知り合いの農家に依頼していた時の事例。今では足踏み脱穀機と唐箕を使用しているため，脱穀にかかる2,550円はゼロである。また地代の額も現在半分くらいになっている。)

ちなみに，一人一年分の米を購入した場合だと，どうだろうか。こうした形で得られる無農薬の有機栽培米は10kg＝5,000円として，60kgだと30,000円という額になる。自ら手を下して年間数千円の経費で生産するか，あるいは購入してすませるか。この点に関しては各人の判断，あるいは嗜好の領域となってくる度合いも強いのだが，以前述べたように，こうしたお金・金額では測りきれないものがあるので，その点は次章以下でも触れていくこととなる。

3．半農半X，市民の農業参画からの打開案②

このように非農家であっても，農業参画に興味関心のある方であるなら，自らの労働を駆使しある程度の労苦さえ厭わなければ，大事(おおごと)といわれる米であっても，それも有機農法による米が，機械に全面的に頼らず，費用をかけず，循環型・共生型・環境保全型の形態で，作ることができるのであった。それにかかる一人当たりの規模・面積・経費，これらを本節で示してきた。

このような事例を農業・稲作に関心のある非農家の読者には，ぜひ参考にされたい。というのも，大事といわれる米であっても，機械に全面的に頼らず，自ら生産できるとなれば，ここから今までの筆者の提起，非農家の農業参画論，

家庭内消費を中心とする小規模農業の展開論に，さらなる実行性が加味されてきたのではないかと考えている。そして，第3章で示し，また本章本節1で再確認したところの，家庭内供給的な小規模農業によるメリットと農業が持つ多面的価値・機能，それらがさらに実行可能・展開可能なものとなってきているのではないだろうか。その点を筆者としては強調したいところである。

　さらにここでは，このように米の生産体制が非農家によっても可能であることから，非農家の農業参画に関する利点として，追加し強調したい点がいくつかある。第1にまず言えることは，このような形態での実行性，それを可能にしている要因は，小規模だからこそということ。そして第2に，可能にしている要因としてはさらに，利潤目当てでないという点である。この2点を強調しておきたい。

　有機農業は，筆者の経験から言えば，広い面積ではなく，狭い面積の方が取り組みやすいと考えられる。稲作の各種工程で見たように，様々な作業が有機農業には付随してくるのだが，こうした作業を決め細かく行なうとなると，広大な面積ではとても不可能であり，狭小な面積がちょうどよいのである。それには，専門の農家が営む広い面積では労苦が多すぎ，非農家が行なう一坪農園や家庭菜園を一回り大きくした規模くらいが，一人当たりではベストではないだろうか。

　そして非農家の取り組みは，利潤目的でないところが一番の利点である。市場の原理に従うことなく，利益・利潤に左右されることなく，安心・安全な農産物を自ら供給する，それも購入するよりもずっと安価に供給できる。こうした点が一番の特長であり，そうした優れたものを，農業・土・大地・自然はもともと我々に与えてくれていたのではあるまいか。

　これら2点，つまり小規模だからこそ可能になっていく点，生じる特長，これらこそが特筆されるところであって，これらの詳細については，次章でさらなる課題対象として扱っていく。

第 4 節　本章の終わりに

　これが筆者の今までの半農半Xの実態経済分析，非農家による家庭内供給的小規模農業展開論，特に稲作に関する展開論であって，混迷する食と農の事態の打開のために非農家であっても農に関心がある諸個人が実行できるものとして，筆者が提起したいものの一つである。そしてそれは，専門の農家に対する政策提言ではなく，あくまで非農家への提言である。現行の稲作経営がかような状況であれば，農山村の荒廃が進み，耕作放棄地が進む状況であれば，農業に飢えている非農家の力をお借りし，そこで力を発揮してもらいたい，こうした提言であることを再考されたい。

　本章でも懸案としてきた中山間地域の荒廃する棚田，分散錯圃地に関して付言しておくとすれば，非農家も米の生産が可能であるとなると，空いたそして狭い土地・田を利用して，米が生産できるということである。このように非農家であっても機械に全面的に頼らず米作りに参画できていくとなれば，遊休農地の解消に一役かうのではないかと考えている。休閑地，耕作放棄等の問題は，今まで検討してきたとおりである。そして特に棚田のような土地であると，小規模の分散錯圃地という特殊性，そして機械が入りにくいという問題性，これらを今まで指摘してきた。

　しかし筆者が行なっている手作業中心の家庭内供給的な不耕起有機栽培の農法では，そうした機械搬入の手間はなくなり，また小規模という特長を活かすうってつけの方法となる。これによって，空いた土地，荒廃する田，これらを水田として活かすために非農家が行なえる活動の一つと考える。

　現在，農山村や棚田の再生のために第 4 章で見たオーナー制などの方法が取られているが，その特長をさらに活かし追加した形で，稲作の不耕起栽培，非農家による小規模農業の参画は，農山村に人を呼び，農山村の復興と結びつくものともなろう。かつまたそれが，都市と地方との結びつきにも発展していく可能性を持っているとも考えるところである。土地を貸す農家としても，好きで耕作を放棄しているわけでなく，条件さえ整えば，空いた土地を使ってもら

いたいケースが，こうした状況下よくあるのである。

　これらを可能にする一人当たりの規模・面積を本節では示してきたので，非農家の方々には是非再考していただければと考えている。

　そして本章の最終的な結論としては，第2章と本章で述べた筆者の実践的取り組みの詳細を基にした稲作・米作りに関する非農家の実行可能性，これによって稲作への実際の参画を促し，第3章と本章で確認した稲作・農業振興によるいくつかの有益性を展開させ，食料・農業問題，そして環境問題（次章以下で詳説）の是正を図る，このような筆者の提言を読者におかれては再考し，検討していただければと思う。

　今，食料問題を始めとして，混迷する世上において，警鐘を鳴らしたり，危機感を募らせたり，また様々に批判することはたやすい。だがしかし，必要なのは百の批判より，何らかの行動である。古くは「隗より始めよ」から，現在では「地球的規模で考え，身近なところから行動せよ（Think globally. Act locally.）」等々，様々な至言が伝えられている。まさに実際の，一歩踏み出す何らかの行動こそが，今必要なのである。本書で示している筆者の取り組みと実践形態，これが読者あるいは各所の一助なり，検討の材料なり，問題是正の糸口にでもなっていけば，筆者としては幸いに感じるしだいである。

付記

　本章執筆にあたり，慣行農法との比較・対象を試みる本章の趣旨から，数々の方・農家から直接聞き取り調査を行ないました。個人情報云々がささやかれる今日，快くお答え下さった方々，資料の協力に賛同して下さり情報提供して下さった方々，機械をご提供下さった方々に，篤くお礼申し上げます。

注

1）近年のものとして，『経済』（新日本出版社）154号（2008年7月号）「特集　食料危機と日本農業」，胡［2007］など。本稿でも両者を活用させてもらった。
2）http://www.yanmar.co.jp/
3）ちなみに，このように生産者米価が籾で1俵60kg＝13,000円という価格であったが，（白米）の平均的な市場流通価格を見ると，5kg＝2,000円というところであろ

うか。とすると、60kgで24,000円となる。

　日本人は一人当たりの平均で、1年間に米（白米）を約60kg消費しているから、単純計算して、1日当たりで、約66円（164g）、一日三食として、1食分は約22円（55g）である。ペットボトルとして売られている水が、500ml（500g）で100円〜150円であるから、55gでは11円〜16.5円である。

　市場流通価格ではなく、改めて生産者米価1俵60kg＝13,000円で同様に算出すると、一食分の55gは約12円である。一年間かけて作った生産者の米価は、まさに水並みか、それ以下の価格水準ということなのだろうか。なお、生産者米価1俵60kg＝13,000円に関しては、以下の注5も参照。

4）機械化による農作業の必要投下労働時間の低下は、いくつかの文献に散見されるが、10a（約1反）当たりの変化では、例えば胡［2007］p.37を参照。

5）改めて注の3を参照。

　また、本文ではこのように生産者米価が籾で1俵60kg＝13,000円という価格を基にして計算し、稲作農家の過酷な現状を示してきたのであるが、さらに驚かれる事実として、本文でも触れていたとおり、近年ではその1俵60kg＝13,000円という価格をもさらに下回っているのである。この状況の詳細については、本書第7章で示していく。また以下の注6も参照。

6）ちなみに、現在当地の稲作農家は、こうした状況を手をこまねいたまま、黙って見ているわけでは決してない。本文の状況が確かに進展する中で、自家用と親戚用の消費に必要な分だけの米の生産に終始するか、あるいは別な販売ルートの開拓に心血を注いでおられる。生産者米価と米の市場流通価格が注の3あるいはそれ以下の水準であれば、生産者米価の価格水準の販売では、本文のとおり過酷極まりないわけで、生産者米価水準よりましな価格水準での取引や、引取相手の探求によって、急をしのぎ、道を切り開いているのが現状である。これに関しては、第7章で詳述。

7）これらの点に関しては、改めて本書第4章を参照。

8）2008年秋、筆者が実際に行ない計測した、刈り取り他の労働時間を詳解すると、3aの田で、手作業の場合、刈り取りに3時間、結束に4時間、はざ掛けに2時間、計9時間弱を要した。また、これと比較するため、同じ3aの面積の刈り取りを、機械で行なった場合も計測した。この場合、機械のみの刈り取り時間は、およそ2時間であったが、事前の下刈り、また刈り取り後の刈り残し、それらの結束まで合計して、およそ5時間を要した。よって、3aでこの程度の時間差であるから、これより狭小な面積であれば、機械搬入の刈り取りと、手刈りの作業では、さして必要な労働時間に差はないものと考える。

　なお、この点については次章での課題対象としてあり、そこで詳しく論じてある。

第6章　半自給農の展開②　エネルギー収支とスモールメリット

本章のねらい

　前章から非農家の農業参画，家庭内供給的な小規模農業の利点と並んで，その特長，有利さ，小規模であるからこその強み，利便性などに関して詳解している。前章では特に金銭的な収支に関する面を詳しく説き，その実行にあたっての可能性等々を説いてきた。非農家がこれから農業を実行・実践する際に，多くの利点と利便性を持ったものが，本書で扱っているこの家庭内供給的な小規模農業であると筆者は見ている。これからはこうしたダウンサイジングした農業こそが，極めて多くの魅力と有効性を兼ね備えながら，発展の源になっていくことであろう。それを筆者も望んでいる。

　本章では前章に引き続いて，さらなる小規模農業の特長として，特筆すべき論点を加えていく。その具体的な考察と追究は第3節において詳述するが，筆者が携わってきた実践活動から把握できる小規模農業のメリットとして，本章で提示している論点をあらかじめ示してしまうとすれば，次の諸点を確信している。前章との関連では，市場の論理から独立した点，ビジネスとしてのリスクがまったくない点が，まず特筆できる。それ以外に本章では，スケールメリットとまったく逆の効果，スモールメリットという利便性を加えて強調していく。こうした特長が小規模農業には内在し，それを筆者は特に重視している。

　と言うわけで，本章は非農家の農業参画（家庭内供給的小規模農業）の特長と展開，その2として，特にエネルギー面とスモールメリットに関して取り上げていく。

第1節　エネルギー収支という問題

　本章では前章で示した金額的な収支の面以外に，慣行農法のあり方とまたエネルギーでの収支面という重要な事項，これらの点を確認していく。この二つの対象をひとまず本節で確認し，さらに次節で上記小規模農業のさらなる特長を把握する，こうした順序で論述していくのが有効かつ有益と考え，本章はそのような編成となっている。

1．慣行農法，農薬，化学肥料

　本書では第1章以来，現在の日本の食と農の問題に関して，様々な問題や課題を述べてきている。その中で，近年巷説頻繁に上がるものとして，次の課題が大きく存在しており，読者におかれてももうすでに周知のことだろうと思われる。それは，本書でも今まで述べてきたが，これからの農業は農薬・除草剤，化学肥料の過度なる使用の状況から今後方向転換し，それらの使用を減らしていく減農薬・減化学肥料の栽培，またはそれらをまったく使わない有機農業（有機栽培）あるいは自然農法（自然栽培），これらいわゆる循環型の農業，共生型の農業，あるいは環境保全型の農業，これらの名称は様々だが，ともかくもそうした形態の農業を発展させ展開させる，こうした必要性があるというものである。

　これは一般的に流布し集約される考えとして，多くの方の共通するところのものでもあり，共感をよんでいる。実際，消費者として農産物を食する読者も，そのように感じられている方々は少なくないはずである。こうした必要性，そして消費する側での需要は明らかに存在するのだが，しかし，さて有機栽培・有機農産物の普及度はまだまだ低い[1]。本節ではその要因についてしばらく考えていきたい。

　除草剤を含む農薬そして化学肥料等々を使用せず，土壌微生物などによる堆肥を肥料にして生育させる有機栽培・有機農産物，この普及・発展を阻む要因としては，様々な要因があるのであるが，まずは生産者側の主張から見ていく

と次のようなことがよく言われる。それは有機栽培の農産物を生産したとしても，そこには労力がかかるわりには利益が少ないというものであって，これが有機栽培・有機栽農産物の普及・発展を阻む第一の要因として挙げられるところである。

また前章での稲作の例を見れば解るとおり，化学肥料や農薬・除草剤に頼らない形で，有機農法によって行なうとなれば，広大な面積ではかなりの労苦が必要となろう。そうした苦労をかけ生産したとしても，必ずそれに見合うだけの価格で購入してくれるものなのかどうか。それは前章の米価の例から見ても，未知数ということころであろうか[2]。

有機農産物のこうした価格面での保証とは別に，生産する方では農薬等々を使用する理由として，何しろ害虫にやられた場合の恐怖，そしてさらには害虫にやられて全滅したときの恐ろしさが，何と言っても存在する。これも実際に生産に携わっている者であればよく解ることであって，苦心惨憺(さんたん)して育てたものが虫などの被害にあい，さらにそれが大規模に全滅した時の心情などは，誠に言葉にならないほどのやるせなさがあろう。ましてやその農産物で生計を立てているとなれば，全滅してすべて売り物にならないということは絶対に避けたいところである。何とかそうした危険性を事前に回避するためには，ある程度のそれも最小限の農薬の使用は止むをえないというわけである。

また実際に市場の場に並ぶ農産物・農産品の様子を見てみよう。そこには，形のよい，見栄えのよい，そして虫一つついていないどころか，虫や鳥に食われた形跡さえない野菜類が並んでいる。それはもはや商品という以上に，工業的な製品というような感がある。それを購入する消費者の方でも，いざ購入するとなると，そうした見栄えのよい品を選んでいくというのが，消費行動の実際上の姿というところであろう。

となると，農産物を生産する側でも，そうでない製品は市場に回したところで，消費者には売れず・買ってもらえず，お金との交換に応じてもらえない，つまりは商品・売り物にはならないというところであろう。このような虫や鳥害のない見栄えのよい野菜を消費者は好み，そしてそれをさらに大量に作るとなると，生産者としてはやはり必然的に農薬や化学肥料に頼らざるをえなくな

る。このような要因もある。

　このように見てくればお解かりであろう。つまり前章でも指摘し，また農業全般に言えることだが，儲かる・収益力がある仕事ではなくて，採算に合わない有機農業という仕事こそ，社会的に重要な意味を持っているのである。しかし結局のところ，農家にすれば手間のかかった有機栽培の方法で農産物を作るよりも，農薬・化学肥料を用いて行なう慣行栽培の方が，商品的な面から見ても，また採算上の面から見ても，そして労力の面から見ても，有利となってしまっているのが現状なのである[3]。

　このような背景や要因から，農薬や化学肥料を使用しながら行なわれている農業が，現在の慣行農法と言ってもよい。それはつまり，現行の農業は生産面から見ても，農薬・除草剤，化学肥料に依存しなければ生産（それも大量に）が不可能であり，そして我々消費者も，主としてそうした形で生産された農産物を購入し消費し，つまりは食して，命をつないでいるということになろう。

　以上見てきたように，有機栽培あるいはまた減農薬栽培の必要性は，さきのように世上で訴えられ，また感じられながらも，その方向性とは逆に，消費者も生産者も現行の農薬や化学肥料を用いた慣行栽培に依存しているというのが現状とも言える。だがしかし，こうして日本は今や単位面積あたりの農薬使用量は，世界でも最上位クラスとなってしまっているのであるが[4]。

　誤解のないように追加しておくが，筆者は農薬・除草剤そして化学肥料に関して，すべてここで悪，全面的に禁止，使用すべきでないと主張しているわけではない。まずその安全面については，目下様々な論議がなされている。農薬は国が認可した厳正なる安全基準を何度もクリアーしたのだから安全であって，あまり神経質になる必要はない。

　このように主張する論者がいる一方，しかし逆に安全なる農薬などないと喝破する論者もいる。今までに認可された農薬の中には飲んでも食べても大丈夫だというものがたくさんあったが，今では危険性が指摘されているものもある。科学的にいくら数値を並べても，危険であることに変わりはないという指摘もある[5]。また使用する側（生産者側）でも，できるならば農薬は使いたくはないのだけれども，上記のように使わなければならない側面やら要因があるとい

うのも，あがなえない現状でもある。

　ここで，そうした農薬・除草剤・化学肥料の使用を全面的に禁止すべきだという主張を起こそうとしているのではなく，もう一つ本章で着目し主題としたいのは，こうした慣行農業のあり方と，実は次の点にある。

2．石油依存の農業の現状

　全面的に依存しているのは，何もこのような農薬・除草剤，化学肥料といった化学物質だけではない。本章で対象としていく原燃料の面に論題を移していくこととする。

　現在の農業生産，上記の慣行栽培は，燃料としての石油がなければ不可能であって，成立しないと言いきってもよいのではないかと筆者は考えている。ざっと見回すだけでも，さきの農薬・除草剤，化学肥料は，工業的に生産される点では石油を燃料として生産されている。化学肥料など農業生産の補助材料としての化学物質ではなく，実際の農業生産の場ではどうか。稲作・畑作に用いられる農業用機械，例えばトラクター，耕運機，田植え機，刈払い機，稲刈り機，コンバイン，これらの機械はすべてと言っていいほど，燃料がガソリンあるいは軽油である。さらに運搬に要する軽トラやトラック，これらもしかりである。車と同じくエンジン・内燃機関で稼動させるため，ガソリンがなければ動きはしない。

　農業はさらに規模が拡大すればするほど手作業で遂行できないため，例えば稲作の播種から発芽，育苗も，現在，機械器具に頼るところが大きい。機械に頼れば，燃料の石油を必要とするし，電気に頼ればやはり火力発電という発電方法からして石油を要する。つまりこのように原燃料としての石油に完全に依存しきっているのである。石油がなければ農業生産は不可能であって成立しないと言ったのは，こうした実態からである。そして生産ばかりではない。既述のとおり，農産物の運輸とて石油・ガソリンがなければ完全に不可能であろう。

　このように見てくれば，つまり現行の農業は完全に石油依存，そして石油多消費型のものであって，原燃料を自然に依存しリサイクルさせていくという循環型の形態ではまったくないのである。日本の産業に関しては，よく「油上の

楼閣」と揶揄されるが，農業にあってもかくの如しである。

　石油の残存埋蔵量はあと30年とも40年とも言われ，また言われ続けてきている。こうした残存年数や埋蔵量の正確な数値を出すことが，ここでの課題でもない。石油を始めとした化石燃料は有限であって，空気のように無尽蔵にあるのではない。このことの方が，何しろ認識され重要視されるべき事項である。そしてまた，その有限なる化石燃料，特に石油がなくなったら，あるいはまた輸入できなくなった場合，日本の農業は存立不可能であるというこの現実である。

　目下，代替エネルギーを探索する動き（本節後述）も広がっているが，再び目を農業生産の場に戻していく。現在我々は上記のような慣行農法，また石油多消費型の農業に依存して，生産と消費を繰り返しているのだが，これを大きくエネルギーの循環という視点で見ると，いったいどうなっているのであろうか。

　さらにそこで着目し検討すべきは次の点にある。さきのとおり石油多消費型の農業，機械と化石燃料に依存しきっている農業，この現状からして，生産に必要とされるエネルギーの量と，そこから産出された農業生産物が持つエネルギーの量とでは，果たしてどちらが大きいのであろうか。生産と言いながら，いたずらに化石燃料の化学エネルギーを浪費してはいないのだろうか。こうしたエネルギー収支の視点で現行の農業を見た場合，何が見え，何が把握されてくるのか，これが重要な問題と視点であって，本節の対象として以下で追究していくこととする。

3．エネルギー収支の研究①（ピメンテル）

　こうした農業のエネルギー収支を追究した研究の嚆矢は，1973年アメリカの科学誌 *Sience* に掲載された D. Pimentel et al. の論文 "Food Production and the Energy Crisis" で[6]，これはアメリカのトウモロコシ栽培に関するエネルギー収支の研究である。

　つまり，本節でも述べたとおりトウモロコシを生産する際にも，化学肥料や農作業用の機械が必要であって，これらの原燃料としてさらに石油等々が必要

である。トウモロコシの生産に必要な石油他それらすべてをエネルギーという尺度に換算して，推計算出してみた研究である。そして，トウモロコシの生産に必要とされるエネルギーの量（投入エネルギー量）と，そこから産出されたトウモロコシが有する産出エネルギー量，この両者の比較を行なったものである（以下，表6-1を参照）。

　1945年から1970年までの数値であるが，まずトウモロコシ産出量それ自体の数値から見ていくと，確かにこの期間中アメリカのトウモロコシの生産量は，約2.4倍に増加していた。これは誰しも，機械化と化学肥料がもたらした効果と察しがつくところである。それを裏付けるかのように，労働量は約0.4倍に低下している。なるほど，トウモロコシの生産に必要な労働量は，半分以下にまで低減したのである。

　こうした数値結果は，機械化のおかげで労働量が減り，楽になった。その一方で，産出量が上がった。これは誠に望ましいこと，非常に喜ばしいこと，ま

表6-1　トウモロコシ生産のエネルギー投入量（Kcal）

投入量	1945年	1950年	1954年	1959年	1964年	1970年
労働	12,500	9,800	9,300	7,600	6,000	4,900
機械	180,000	250,000	300,000	350,000	420,000	420,000
ガソリン	543,400	615,800	688,300	724,500	760,700	797,000
窒素	58,800	126,000	226,800	344,400	487,200	940,800
リン	10,600	15,200	18,200	24,300	27,400	47,100
カリウム	5,200	10,500	50,400	60,400	68,000	68,000
種	34,000	40,400	18,900	36,500	30,400	63,000
灌漑	19,000	23,000	27,000	31,000	34,000	34,000
殺虫剤	0	1,100	3,300	7,700	11,000	11,000
除草剤	0	600	1,100	2,800	4,200	11,000
乾燥	10,000	30,000	60,000	100,000	120,000	120,000
電気	32,000	54,000	100,000	140,000	203,000	310,000
輸送	20,000	30,000	45,000	60,000	70,000	70,000
投入量合計	925,500	1,206,400	1,548,300	1,889,200	2,241,900	2,896,800
トウモロコシ産出量	3,427,200	3,830,400	4,132,800	5,443,200	6,854,400	8,164,800
キロカロリー産出・投入比	3.70	3.18	2.67	2.88	3.06	2.82

資料：David Pimentel et al. [1973] p.445より訳出。

た喜ぶべきことと，これらの点を上記の数値は一般には意味している。いささか経済学的観点から簡単な専門用語で語るとすれば，生産効率の改善，生産性の向上，所得の上昇，これらが果たされ現れたわけであって，これもまた誠に有難い話となる。さらに言えば，機械化・工業化・近代化の成果として，近代的な農業，あるいは農業の近代化とは，まさにこうしたものを言うのだと，一般的に特徴づけられて評価され認識されたはずである。

しかし，上記の論文は，当該期間中このような数値をまったく別の尺度で測って，新たな事実を示したのである。つまり，アメリカのトウモロコシ栽培に関して，一般的に言われる生産量の増大，生産効率の改善，生産性の向上，これらが見られたのだが，それらの内実をエネルギーという観点と尺度で測った場合どうなっているのか。それを検討していくと，既述の評価とはまったく別の新たな事実，そして深刻な状況が示されてきたのである。

さきに数値結果から示していくと，当該期間中のトウモロコシの産出量は確かに約2.4倍増加していたのだけれども，それをエネルギー量で見た場合，トウモロコシの産出に要する投入エネルギー量の合計は，約3.1倍に増加しているということが示された。つまりトウモロコシの産出量が約2.4倍に増加したとは言っても，その生産に要する石油他のエネルギーの方が，多く増加し必要となっていたのである。そして，そのトウモロコシの生産のため必要とされ投入されるエネルギー量と，そこから産出されたトウモロコシが持つエネルギー量を比較してみた場合，1945年の3.70から1970年には2.82に低下しているのである[7]。

これらが意味するところは次のとおりとなる。経済学的観点からすれば，確かに機械化によって必要な労働量は低下し，片や産出量は増加し，所得は上昇するのだから，これほど有難い話はないことになる。だがしかし，エネルギー収支の観点から見ていくと，トウモロコシの産出量が増加したとは言うものの，速い話がそれは，機械化と化学肥料，これらの原燃料である化石燃料の多投・多消費によってもたらされただけのものだということになる。そして，1945年は1kcalのエネルギーを投入して3.70kcalのエネルギーを得ることができていたのだが，1970年になると2.82kcalしか産出されなくなっている。これはエネ

ルギー収支上，明らかな低下と，さらに言えば悪化を示しているのである。

　また，エネルギー収支で見た数値がこのように明らかな低下と悪化を示してしまうということは，化石燃料の多消費と同時に浪費をも示しているわけである。敷衍すれば1kcal分のトウモロコシを産出するために，年々歳々より多くの化石燃料を必要としているのである。また，そうしなければトウモロコシが生産できなくなってしまっているという，危うい状況に陥ってしまっているのである。

　こうしてエネルギー収支という観点では，経済学的な評価とはまったく逆であり，完全なる不効率性と状況の悪化を示しているのであって，生産性は上昇したのではなくて低下したとさえ言える。となると，同時にそれはまた化石燃料など有限な資源，その消費とさらにその浪費構造に対して深刻な問題を投げかけてくるわけである。

4．エネルギー収支の研究②（日本の場合）

　この研究に触発されてか，日本においてはトウモロコシではなく，特に稲作・畑作農業全般に関するエネルギー収支の研究が進められた。日本での嚆矢は宇田川武俊氏の研究である。氏の研究は今でも各所で引用されている。

　宇田川氏は日本の稲作に関して，ピメンテルと同様その生産に必要とされたエネルギー量，また産出物である米が有するエネルギー量，この両者を算出し，比較された。氏の研究によると，稲作の投入・産出エネルギーの比は，1950年1.5，1960年0.87，1970年0.47，1974年0.32となり，明らかに1を下回り，さらに年々歳々低下しているという結果を示した[8]。

　この推計数値は衝撃的であり，宇田川氏のデータは日本の稲作がいかにエネルギー収支上不効率なのか，また年々歳々さらに多くの化石燃料，特には石油を必要としているのか，それがなければ成り立たないものであるのか，そしてまたこのままこのような石油漬けの農業生産を続けていってよいものなのか，化石燃料など資源の浪費構造の問題と，それが枯渇した場合の深刻な状況に対して，一つの重要な証左データとして，近年でもしばしば引用されているわけである。

自著でいち早くピメンテルと宇田川氏の研究を評価し，取り上げた中村修氏は，宇田川氏と同様な方法によって，さらに1990年までのデータを自身で算出し，その1990年の数値は0.2を下回るものと公表した。この算出結果の分析と合わせてエントロピーの観点から，中村氏は自書で次のように言っている。
　「それは，10のエネルギー（労働，および化石燃料）を投入してわずか2のエネルギー（米）を回収しているという意味である。つまり，日本の稲作ではエネルギーは生産されず，消費だけが行なわれている。/ 生産したエネルギー以上にエネルギーを消費することは，それは生産ではなく，消費と考えるのが妥当である。/ 化石燃料の消費に依存したこのような奇妙な『生産』が今後，数百年も数万年も持続することはない[9]」。
　まさにこれらの研究，そして推計算出データの結果数値が，そのまま現実にあてはまるものであるとするなら，中村氏らの言うとおりである。生産に際して，産出された物が持つエネルギー以上に，生産過程でエネルギーを必要とし，エネルギーを消費している。それがなければ産出物である米が生産できないとは。つまり作り出した物が持つエネルギー，しかしそれ以上のエネルギーを，作る際に必要としているのである。さきの経済学の観点あるいは論理から金額というもので測って例えるならば，10万円かけて生産を行ない，10万円かけないと生産できないのであるが，販売時は2万円で買われてしまう。あるいは2万円のものを作るのに，10万円を費やしている。明らかにこれは愚かしいことをやっているのである。
　前章では米の例を挙げ，このように米の生産コストと販売価格が既述のような完全に原価倒れのような奇妙な，そして現実にそのようになっている状況を示したが，エネルギー面においても同様なことが示されてきたのである。
　このような愚行を重ねたあげく，石油の寿命とともに日本の農業や，特に稲作は実行不可能となり終焉するのであろうか。
　読者におかれても，すでにお察しのことであろう。例えば稲作にかかる労働時間は，確かに昔と比べて明らかに減少した。生産量も上がったのである。しかし周りを見渡せば解るように，生ゴミに代表されるかのように明らかに廃棄物は多くなった。それを土に返すことは少なくなった。このように，労働時間

は減少し生産量は上がったのであるが，しかし循環は断ち切られ，化石燃料を消費しながらの農法になっていったのである。

5．人口爆発の問題との関連で

　話が幾分それるかもしれないが，ここまでとの関連で次の問題については改めて触れておく必要がある。それは本書第1章序節で触れておいた人口爆発の問題である。これに関して再度取り上げて考えておきたい。

　すでに200年以上も前にマルサスの『人口論』で示されていたように，昨今人口が再び爆発的に増加していた。2012年でも増加し続ける地球の人口は，現在およそ70億人。これが2050年頃になると100億人くらいにまで増加すると見込まれている。そこから派生する問題が，それだけ爆発的に増加する人口を賄うのに足る十分な食料が，将来完全に果たして供給されうるかどうかという点であった。確かにマルサスが言っていたように，人口の増加速度が速く，食料の増産がそれに追い付かないとなると，食料難という事態となろう[10]。しかし食料難や食料危機に陥るという事態は，何としても避けなければなるまい。

　ではどうすればよいのかと言うと，端的には言わずと知れた食料の増産を考えなければならない。さらにその食料の増産のためにはどうすればよいのかとなると，これも端的には農工技術，農学の推進を追究し，優れた肥料や農業用機械等々を開発・活用し，これによって食の増産に努めるべきだという主張が聞かされる。実際この点こそをマルサスは見落としていたのであり，この追求を今までがそうであったと同様に，そしてこれからも同様に行なうべきであるという主張である。そして第1章第2節の主張①と噛み合わせれば，規模を拡大させ生産の効率を図るべきとの主張が登場してくる。

　確かに本書でも筆者は今まで食料問題，そしてまた日本の食料自給率の問題，これらを解決するには第一次産業，端的には農業の今後の発展が必要で不可欠であると語ってきたのだが。しかしそこでまず，果たして上述の主張のように優れた肥料や農業用機械等々の開発・活用，それによる食料の増産，これらが現今の慣行農法にとって，今後あるいは未来永久的に推進可能かどうか，この点を是非とも考えていかなければならない。

さらに加えて，その問題に関しては既述のエネルギー収支の状況も検討材料に入れて，考えていかなければならないのである。つまり，さきの肥料・農業用機械等々の開発，それによる食料増産という指摘があったが，実はこの主張の基礎には，まず安価な石油資源という原燃料が未来永劫手に入り，それによって優れた肥料なりの製品開発や，農工機械による大量生産が，つつがなく進むような点が前提されているようにも伺える。しかしそれについては，エネルギー収支の論点を斟酌し熟慮すれば，いささか楽観的過ぎる幻想ではないかともなってくるのである。

　例えば，日本の慣行農法にとって，石油を消費しなければ生産は不可能である。が，しかし安価な石油資源という原燃料が未来永劫手に入るという保証はないし，さらに近年そうした有限なる化石燃料を無闇に浪費することは問題視されている。しかるに，既述のエネルギー収支の研究では，年々歳々多くの化石燃料のエネルギーを必要となければ，現行の農業生産ができない状況ともなっている。

　さらに規模を拡大させて生産効率を図るという主張に関して言えば，確かに大規模化によって，燃料費や肥料代などがスケールメリットによって，ある程度低下することは考えられる。しかし，更なる石油資源を必要としなければならない事実には，変わりはないのであって，あるいは石油を消費しなければ生産が成り立たない事実に，何ら変わりはないのである。安易に規模を拡大してみたところで，さらに石油を消費しなければならないという事態は十分想定される。これでは状況が抜本的に改善されたとは言えず，堂々巡りとなってくる。このように問題はさらに複雑化して展開してくるのである。

6．エネルギー収支の現状

　閑話休題で引き続きエネルギー収支の研究状況に立ち帰ると，宇田川・中村氏の研究，そして推計算出データの結果数値に疑問を投げかけ，反論する研究・主張も無論出てきた。また逆に，新たなエネルギー収支の推計算出結果も示され，議論は甲論乙駁を示した[11]。

　現在および近年の研究状況を見ると，精密な実験結果によって，現行の稲作

に関する投入・産出エネルギーの収支比率は，農薬・化学肥料を減少・低下させた農業の普及もあって，宇田川・中村氏ほどの悪化を示してはいない，1を切ってはいないという状況のようである。また，代替エネルギーの必要性を探る観点から，稲の産出後に代替エネルギーとしてのバイオエタノールが取れることから，これが持つエネルギーの量も含めれば，稲作のエネルギー収支は宇田川・中村氏ほどの悪い状態ではないということが，だんだんと明らかにされてきた[12]。

7．改めて問題点を考える

しかし，本節2の部分に改めて立ち帰ろう。日本の稲作のエネルギー収支の状況は，かつてのようにさほど悪くはない，と言ってみたところで，述べてきたように，わが国の稲作や農業生産は石油なしでは根本的に成り立っていかないのである。やはりこの現状・実状は，一向に変わってはいない。代替エネルギーとされるバイオエタノールが，現在実用化され普及しているというところまでには至っておらず，石油漬け，石油を消費し，石油に依存しなければ成り立たない日本の稲作や農業の現状は，何ら変わってはいないのである。農業生産にかかる労働時間は減少し生産量は上がってきたという喜ばしい点はあるのだが，しかし石油を多量に消費しなければ成り立たない農業の姿，また循環が断ち切られた農業の姿が一般的なのである。

ここまでをまとめてみれば，日本の食と農の問題には，本書第1章以来触れてきた人口爆発の問題と食料増産の課題がある。しかし立ちはだかるのは，エネルギー収支の問題。また有限なる化石燃料，限りある石油資源，これらをいたずらに消費し，浪費することは，二酸化炭素の発生，地球温暖化の問題，そして環境破壊の問題，資源節約の観点からして，昨今非難の目が向けられている。また既述のとおり，特に石油が枯渇すれば，あるいは石油の輸入が寸断されれば，成り立っていかない日本の農業。こうした状況にあって，既存の石油依存の農業生産，石油多消費型・浪費型の生産体制を転換するか脱却して，エネルギーの面でも循環型の体制を求めていくことが近年求められているところである。そしてここ本章冒頭で触れた，農薬・除草剤・化学肥料等から脱却す

る動き，これもまた農業に大きく要請されるところとなっている。

　これらを統合して勘案していった場合，今後は化石燃料に大きく依存することなく，そしてまた農薬・化学肥料に大きく依存することなく，安心・安全な食料増産の道を探求していかなければならない，このような方向性と道筋が求められているのであるが，さて，これに首肯できるとして，そしてその必要性はすでに各所で言われてきているとおりなのだが，問題と課題はそれをどのようにして実行に移していくかであろう，まさに。しかし，石油エネルギーを使わずに，果たして農業は生産量を増やせるものなのであろうか，さらに生産可能であるものなのであろうか。

8．本書前章までとの関連で実行案を考える

　以上本節でなされた上記の考察・検討と合わせて，ここから本書前章までの主張を噛み合わせていくこととする。前章までで，近年のいくつかの問題は正の糸口を，筆者は農業の振興に見つけ，訴えていた。今後求められる「持続可能な社会」あるいは「循環型社会・共生経済」の構築には，農業の振興が絶対に必要であるとしていた。

　しかし，現行の農業生産は，具体的にいくつかの問題を抱えていることも示してきた。つまり，農薬・化学肥料に頼らない安心・安全な食と農の追求の反面で，農薬・化学肥料に依存しているという現状。また農薬・化学肥料そして農業用の機械がなければ，やっていけないという現状。そして原燃料としての石油資源，それに依存し，かつまたそれを多く消費しなければやっていけないという実状。エネルギー収支の研究では，問題があるという水準にまで至っているとの報告もなされている状況。

　これでは農業の振興に是正の道を見つけたとしても，実際の現実的な障害がこのように多々出てきているのである。本書で農業振興を訴えたとしても，本節で示したエネルギー収支という問題をわざわざ持ち出すまでもなく，かくのごとく問題が立ちはだかっている。この点を打開し，解消していかなければならないというところだが。

　さてそこで，ところで農業というものは石油や化学肥料に頼らなければ，そ

もそも無理なのか。しかし，機械や化学肥料に一切頼らないとなると……。それは原理的に不可能ではないにしても，現実に実行していくとすると……。そのスタイルはまさに，江戸時代かさらには原始の時代のものとなり，もはや完全に時代に逆行したものとなる。そのような非近代的な農業ならやらない方がまし，特に高齢化の問題が避けて通れない近年の農家にあっては，機械や化学肥料に頼らない農業など考えられもせず，実行はとても不可能である。と，問題はかように発展するであろう。

しかし，ここでその打開策として示していきたいのが，筆者が従前来提起してきた非農家の農業参画，それも家庭内供給を中心とした小規模農業の展開である。この展開に問題打開のキーポイントが含まれていると筆者は認識しているのである。いかなる点でか？

この点を上記の問題解決と合わせて，節を改め次節で論じていく。

第2節　家庭内供給的な自家消費小規模農業の利便性

本章では現行の慣行農業に関して，農薬・化学肥料他いくつかの問題点を指摘し，またエネルギー収支の面から問題点を指摘してきたが，ここからはこうした問題の対応と符合させて，筆者の半農半Ｘとしての実践活動から得られた非農家の農業参画，それも家庭内供給を中心とした小規模農業の展開を，問題解決の一つとして述べていくこととする。

また誤解のないよう改めて断っておくが，筆者の従来からの主張，そして本書での提言は，何も現行の専業農家に対するものではなく，一般の方に帰農や就農を薦めたり，ましてや農業の大規模化を訴えたりしているのではない。何度も繰り返したが，非農家の農業参画，それも家庭内供給を中心とした小規模農業の振興を訴えているのである。この点を改めて追認されたい。そして，その小規模農業が持つ特長こそが，前節での問題解決にとって非常に有効な手段であると考えられるのである。そしてまた，今後の日本にとって必要なのは，こうしたダウンサイジングした農業であって，これこそが有効性を発揮するものと考えられるのである。

本節では既述の非農家の農業参画，それも家庭内供給つまり自家消費的な小規模農業，これが有する特長，さらにそれと合わせて，この小規模農業が本章前節で見た問題点をどのように消化していくか，これらについて述べていくこととする。

　そこであらかじめ，本節で取り上げる非農家の家庭内供給的な小規模農業の特長，これをさきに列挙し提示しておくこととする。すでに本章の冒頭でも若干触れたが，特筆すべき第一点目として，市場の論理に左右されないところ，さらには市場の論理とはまったく独立したところ，価格メカニズム等からまったく離れているところ，これらをまず重視し強調したい。昨今のことで読者にはすでにお解かりのように，近年特に構造改革路線以来，市場メカニズムあるいは価格メカニズムの優位性が頻に叫ばれ，市場原理や競争至上主義の原理が導入され，これらいわゆる新自由主義的な主張が近年幅をきかすこと大であった。しかし自家消費的な小規模農業には，市場原理にまったく左右されない，それらの原理とはまったく独立した優位性が存在するのである。なぜに筆者は巷で重視され尊ばれてきた市場メカニズムに対して，あえて反する行動原理を逆に重視するのか，これを以下で示していくことになる。

　その前に特筆すべき第二点目として，これもまた昨今の風潮とはまったく逆転する発想なのだが，スケールメリットとはまったく逆の展開，つまり大規模農業にはない，小規模だからこそ発揮できる有意義性と利便性，これが小規模農業には存在している点を再度重要視し強調していく。第一の点と合わせて，こうしたまさに昨今の流れとはまったく逆の論理展開，従来の経済学の論理あるいは政策原理とはまったく異なる論理展開となるのであるが，それこそが逆にこれから追求されていくべき重要な点だと考えられるのである。

　第一と第二の点を確認されるならば，第三の点として示していく，自家消費的な小規模農業にはビジネスや経営的なリスクがまったくない点，これもさらに追認されることであろう。

　本節では，非農家の農業参画，それも家庭内供給を中心とする自家消費的な小規模農業の特長を，主にこの三点に特筆代表させ，これらを詳述していく。また同時に，本章第１節で取り上げてきた慣行農業の問題と合わせながら，筆

者が重視する机上の学問でない実行・実践活動と，その実態経済分析から得られた持論を，以下で示していくこととする。

1．市場メカニズムからの独立

　まず第一の点。これをさきほど，筆者は市場の論理にまったく左右されず，市場の論理とは独立し，価格メカニズム等からまったく離れているところと示したが，これはさらに換言して，利潤目あてや営利目的でない点，この優位性と言ってもよい。世上では何かと，行動原理として，ビジネスとして成り立つかどうか，収益性が見られるのか，採算性が合うのか，これで判断し，それらに立脚した価値判断があり，またそうした判断基準に重きが置かれる場合がある。近年の風潮を伺うに，本書第1章の第2節で取り上げた①の論調はまさにそうであったし，また農業を薦める本とても，そうした営利・儲けという面からのみ，新規就農や農業経営をまくし立て，煽っているものが非常に多いように感じる。

　それを今そしてこれから筆者は全面的に否定していくものではない。既述の行動原理を，そして市場メカニズム・価格メカニズムなどは，ひとまずは認めた上での提言であると，読者にはご理解いただきたい。市場メカニズム・価格メカニズム，ビジネス原理，利潤追求，営利目的等々，それはそれである面では必要で重要な視点ではある。ただしかし，何事もそうであろうが，物事には自身の有効性を有しながらも，それでもカバーしきれないところが当然存在するのであり，また有効性を持つがゆえに，逆にそれが足枷になったり，一定の限界も並存するものであろう。そしてそうした限界なりを打開していくために，新たな視点やまったく逆の発想が必要となる場合もあると考えられる。

　あるいはまた，市場の原理それをも包み込む自然生態系の論理を，これからは考えていかなければならないところにきているのかもしれない[13]。これらの点を筆者としては訴えたいところである。

　そこで，家庭内供給を中心とした自家消費分の小規模農業は，ビジネス・営利・利潤，そして商品生産ということとは完全に次元を別にする生産・消費活動である。しかしこの点こそが，非農家の農業参画の有益性・有意義性として

本書第3章で述べてきた各種の側面を基に，さらに以下見るさらなる有効性を発揮する重要なポイントと考えられる。

　これらに関して解りやすく，以下半農半Xとしての実践活動・取り組みから，日々痛感しているものを具体的例証として挙げ，論を進めていくとよいであろうか。例えば第1節で確認したように，野菜それも葉物野菜を一つ取ってみたい。店頭の野菜売り場を見てみればすぐ解るように，売られている野菜は述べたように，虫はもとより，鳥の食い跡とて一つない，きれいな，形が整った品である。市場では，そういう野菜（製品）しか，商品として通用しないのである。よって，そうした品物しか商品として店頭には置かれないし，買う側の消費者も，いざ購入するとなれば，必然的にそうした品を好むというところでもあろう。このように商品生産と消費活動が分離し，市場という場がそれをつないで，商品が市場を経由し，我々消費者はそれを入手できるというのが現状の姿である。

　もちろんそこには大きな利点があり，メリットが多々存在する。それに関して逐一挙げきれないが，上記との関連で言えば，消費者は確実に見栄えのよい商品を入手できることとなる。こうした点は首肯できよう。

　しかし，論を進めて，市場を経由して買ってもらう製品や商品を作らなければならない生産者は，そこでいったいどのような行動を強いられていたのであろうか。生産者側にしてみれば，消費者がそうした製品しか買わないものだとすれば，野菜をかような商品・製品として仕上げるためには，そこには様々な手間・労力がかかり，それに付随して多少なりとも費用がかさんでいく。そこには無駄とも思える手間・コスト，これらが派生してこざるをえない。また，消費者の消費意欲を維持し，さらにそそり・刺激させるために，虫一つ穴一つなりともつけてはいけないとなると，無農薬ではなく，化学肥料と同様に，農薬とて多かれ少なかれ必要となってしまうというのは見てきたとおりである。

　つまり，利潤・利益を上げるためには，商品・農産物を市場で買ってもらわなければならない，それがためには，おかしな話であるのだが，消費者が本来は望んではいない，かような逆説的な対応と労苦が要ることともなっているのである。

経済学で「生産と消費の分離」という論点があるが，まさに生産（者）と消費（者）の分離，これによってさらにそこに市場が介することによって，無論得られるメリットは多々生じたのであるが，しかし逆に負の面もそれに付随して派生してくるわけである。近年の食品の様々な偽装，安心・安全性の無視等々，数々の食に関する問題が巷間をにぎわしたが，その問題の根源には，競争による利潤獲得，儲かりさえすればよい，そのような利潤獲得第一主義・拝金主義と同時に，上記述べた生産と消費の分離という問題が，原理的また根本的な問題として横たわっていると伺える。

しかし，かように生産と消費が分離することなく，自らが生産者，同時に消費者となった場合だと，どうであろうか。近年こうした活動と論理を，producer（生産者）とconsumer（消費者）を兼ね合せたprosumer（生産消費者）と呼んでいるが[14]，このように自らが家庭内供給的小規模農業を行ない，自給用・自家消費の農産物の生産を行なっている場合だと，いかがであろうか。

上記見たように，まず生産物は商品という品ではなくなる。そうした販売目的の製品ではないとなると，見栄えや形云々など，自家消費にあってはまったくの問題外・対象外である。自らが直接生産と消費を兼ねていることから，新鮮でもって美味であるものが入手できることになる。ここで話は成就してしまうのである。そこには，生産に関して何も不必要な手間・労力をかける必要性はなくなる。市場のように間を取り結ぶ者や物，あるいはお金が介入することはなくなる。よって，ここから市場の物よりコストはかからなくなる。他の者によって間を取られ，上前がはねられたりすることもない。安全性を追求するとなると，当然に農薬や化学肥料も控えることとなる。今まで問題点として取り上げてきた安全性や偽装の問題は消え，これによって払拭されている。

このように自らが当事者になる，このことによってコストの面では安く，そして新鮮なものが，さらに現今問題になっている食の安心・安全性の面，そして偽装の面，これに関して偽りなく追求した農産物が，入手できるのである。これが本書第3章で示した非農家の農業参画が持つ有益性（食の安心・安全面，家計の経済面）の具体的追加点であり，また経費・費用については第4章の一坪農園の例や，第5章で稲作における実際の事例を示してきたしだいである。

このように自家消費分の小規模農業は，市場メカニズムとはまったく離れた領域に存在し，商品や，利益・利潤重視，ビジネスのような思考・対象を超えた形で存在し，同時に第3章以来述べている家計の経済的節約節倹面他の有意義性を兼ね備え，展開できていくものなのである。

2．スケールメリットとの逆の論理

次に，小規模農業の特長の第二点目として挙げた，スケールメリットとはまったく逆の試行，大規模農業ではできない，小規模農業だからこそできるもの，いわばスモールメリットである，この点について述べていきたい。

それにあたって，近年の世論の論調を若干また振り返ってみる。かつてそして現在でもそうであろうか，これからの日本の農業のあり方として，規模拡大・大型化，これらが叫ばれてきたことは記憶に新しい。規模拡大・大型化によって，スケールメリットが生じ，コストの引き下げが可能となり，低価格製品での販売が可能になる，このような認識と論調である。

さらにそれは，グローバリゼイションの面からも要請されている。グローバル化の波と，新興工業国の台頭，そこから生み出される低価格の製品，これに日本の農業が対抗し競争していくためには，わが国は国内農産物の価格競争力をつけなければならない。そうでなければ，とうてい振興工業国に太刀打ちできない。それがためには，上記の規模拡大という施策を追求し，スケールメリットによって製品の低廉化・低価格化を果たしていくことが望まれるし，またそうでなければならない。それが可能でないと，国際化の波が進行していく中で，今後日本の農業は存続できなくなる。こうした認識と主張，あるいは流布した考えは，第1章第2節の主張①でも触れたとおりであって，今までそして昨今でも巷説に上る。

しかし前章では，規模拡大のため機械化・大型化を果たしたとしても，採算が合うのかどうかという点を深く見てきた。機械化等にかかるコスト・経費の面で，農家は重大な負担を負わなければならない点。また，特に大型化・機械化に費やされる費用負担と比較して，現在の米の販売価格はあまりにも安価でありすぎ，とても元が取れるものではない点を前章で詳解し確認してきた。

第6章　半自給農の展開②　エネルギー収支とスモールメリット

　前章でのこのような経費や金額的な収支の面とは別に，本章ではエネルギー収支という視点から日本の稲作について言及した。機械化・大型化によって，規模拡大したとしても，そこでは石油という化石燃料の大量消費が必然的に伴う。それに対して，有限な化石燃料という天然資源，これは今後永続することはないことがはっきりとしている。また今後，闇雲に化石燃料を浪費していくことは，近年の地球温暖化の面からも，また環境問題やエネルギー節約の面からも，否定的な目が向けられている。

　このように前章での費用負担の重圧，本章でのエネルギー収支の面，これらの検討からして，規模拡大による日本の農業の救済策，これを筆者はいたずらに全面否定するわけではないが，一途金科玉条的に，また一般宣伝文句に乗ったように，専一に唱える姿勢は見直されるべきではないか。それに替わる代替案なり，新たな方向性を模索していかなければならないと，考えられるところである。

　そこでまた，本書で示している半農半Xとしての実践活動・実態経済分析から得られた筆者の見解と認識を，改めて俎上に乗せて主張してみたい。筆者は農業用のエンジン付き機械を一切所持していない。約3aの畑，約6aの田，これを田植えから稲刈りまで，すべて手作業で行なっている。水田稲作は大事と考えられ，トラクター・田植え機・稲刈り機，これら農業用機械がなければ，米作りは不可能と思われがちであるが，小規模であれば筆者のような不耕起栽培で，現実に実行可能なのである。農業用の機械を購入したり，あるいはレンタルで借り入れたりせずとも，手作業，あるいは人間が本来有する労働力という創造可能な優れた能力を用いることで，実行できるのであって，さらに経費の面でもずっと安価に産出できることを前章で述べた。

　経費としての支出面に関して，筆者の家庭内自給用の不耕起農法と，慣行の稲作農法との経費に関わる差の詳細は，前章で示してきたとおりであるが，本章の主題であるこうした家庭内供給を中心とした自家消費的小規模農業の特徴点，小規模農業だからできる点，可能な点を，本節1と同じく筆者の卑近な実践活動から例示し提起していくとすれば，次のようになる。

　まず検討されるべき対象は，本章前節で取り上げてきたエネルギー収支の面

からの問題である。前節で詳解したように，エネルギー収支上問題ありという研究まで出てきた状況，そうでなくとも石油漬け，石油がなければ存立できないという日本の農業，これをどうにかするためには，やはり農業に関心のある非農家が農業参画に携わり，それも大規模ではなく，小規模で行なっていくという方向性を提起したい。

　これは逆転あるいは倒錯した思考と思われるかもしれないが，農業は小規模であればあるほど，機械に頼らない形態となるのである。必然的にそれは手作業で行なうこととなり，機械搬入の手間は要らなくなり，よって石油の消費に頼らない形態となるのである。

　それをまた具体例をもって示していく。筆者は述べてきたように，数年来３ａの田を二箇所借りて稲を作っている。不耕起栽培のため通常の田植え機等は使えず，稲作の各工程を手作業で行なうため，逆に手作業で行なった場合，各々に費やされあるいは必要となる労働時間を毎年計測している。そこで，３ａの田植えにかかる労働時間はおよその･べ･にして11～14時間である。

　また稲刈りに関わる労働時間も同様に計測しているが，稲刈りに関しては，さらに以下の比較を行なっている。片や手作業で刈り取り，手作業で結束した場合にかかる労働時間と，片やバインダーという稲刈り機（この機械は刈り取りと同時に稲の結束も行なう）で行なった場合の労働時間，この両者の比較である。（表６－２参照。これは2010年以前のもので，近年では稲が長稈で大柄に生育してきたため，稲刈りの時間は８～10時間くらいとなっている。）

　ここで，機械に頼らず手作業で行なった場合，３ａの田で，刈り取りに例年およそ８～10時間，その後の結束に４時間，合計12～14時間というところである。これを機械で行なった場合はどうか。

　機械の場合，刈り取りと結束を同時に行なうので，この作業はおよそ１時間程度ですむ。しかし機械を搬入する場合，稲刈り機の通り道等を作るため，機械搬入前に事前の刈り取りとその結束が必要となる。これに要する時間が，約１～２時間。その他に，機械の刈り取りだと，どうしても手作業でないため，刈り残しが多く出てくる。これを改めて手作業で刈り取り，結束するのに，やはり１～２時間は必要となる。よって機械で行なった場合は，合計３～５時間

表6-2　稲刈等にかかる投下労働時間（3a当たり）

	手作業		機械作業	
	2010年秋	例年	2010年秋	例年
稲刈り	3時間45分	3～4時間	下準備 　1時間30分 刈り取り 　0時間45分 刈り残し・取りまとめ 　1時間50分	1～2時間 1時間程度 1～2時間
結束	2時間25分	4時間程度	0時間	0時間
合計	6時間10分	7～8時間	4時間05分	3～5時間
はざ架け	1時間20分	2時間程度	2時間30分	2時間程度

というところである。

　ここから何が言えるかというと，第一点目として，毎年痛感していることだが，手作業で行なうとその分，きめの細かい作業が行なえるということである。上記述べたように，機械の場合，極端に言えば作業結果がどうしても雑になり，刈り残しというものが生じてしまい，改めて手で刈っていくことになる。しかし，元々手作業で行なった場合は，そうした刈り残しはほぼ皆無。刈り残しが少ないのであれば，その分，収穫量も幾分上がることともなろう。

　これに付随して，以下の点を加え指摘したい。農薬・除草剤・化学肥料に頼らない有機農業にとって，何と言っても大変なのは，経験からして，除草作業である。現行の慣行農法は除草剤に頼り，草を枯らしてしまうが，有機農業では農薬・除草剤の使用は認められない。この点をどうしていくかであるが，やはり小規模であれば特長が発揮できるのである。

　通常農家は，規模が大きくなればなるほど，除草作業は農薬・除草剤に頼らざるをえなくなる。とうてい広い面積など，特に稲作・水田の除草作業などは，手作業では今日無理であろう。しかし小規模であればどうか。小規模であればあるほど，除草作業は逆に農薬・除草剤に頼らず，手作業でできてくる。それも，上と同じく，きめ細かく，かなり丁寧に可能である。さらに取った草は，第2章で述べたように，堆肥の原料として有効に活用できるのである。

　第二点目として，既述の計測結果は，繰り返すが，3aという規模面積である。

よって，これからすると，3aという面積よりも狭小な規模であれば，稲の刈り取りに関して，わざわざ機械を搬入してもしなくとも，さほどの違いは生じてこず，さらに狭小な面積であれば，機械をいちいち搬入せず手作業で行なってしまった方が，逆に手っ取り早く進めてしまうのではないかという点である。刈り残し後の再度の刈り取りなど不要であり，こうした点が小規模農業の優れている点である。

さらにこの点を，米に関して一人当たりの自給に要する面積と必要労働量を計算してみると，以下のとおりであった。年間の米の消費量の計測から，成人一人当たり米の年間消費量は精米・白米でおよそ1俵＝60kgであった（第2・5章参照）。この年間に必要な米を自らが生産するとなると，面積はおよそ1.5a強というところであった（同上）。このくらいの面積であれば，何も機械を搬入するほどのことはない。手作業で十分なのである。つまり稲作は小規模で家庭内自給くらいなら実行可能であり，小規模であれば機械に頼らなくとも，いや機械に頼らない方が面倒がなくてすみ，コストもかからず，きめ細かく実行可能となるのである。

このように米の年間一人当たりの消費量（白米60kg）を自給に要する土地面積，そして必要な労働時間の詳細を示したが，これに関しては，小規模という特長を活かして，このように機械に全面的に頼らず実行可能というのが，筆者の実践活動から得られた一つの結論である。そしてその基本になっているのが，大規模農業にはない小規模農業の特長であって，いわばそれこそが小規模農業に特有な，スモールメリットとして筆者が提示できるメリットである。米に関してもこのようにスモールメリットを発揮した形で仕上げることが可能であるから，畑の収穫物としての野菜に関しても，推して知るべしである。

このようにいくつかのスモールメリットを利用した形で，非農家の農業参画，家庭内供給的な小規模農業は，実行と展開が可能であって，実際の参画を筆者としては促したいところである。

3．リスクからの解放

本節で第一の点として示した市場メカニズム・価格メカニズムからの独立，

同義だが，利潤目あてや営利目的でない点，または商品生産とは別次元の生産・消費活動，次に第二の点として示したスケールメリットとは逆の効果，小規模だからこそ可能な数々の活動，いわばスモールメリット，これらを了解されるとすれば，次の第三の点は読者は自然と追認されることであろう。それはビジネス的なリスクからの解放，あるいは払拭という点である。

　近年の食と農の問題を訴え，その是正のために第一次産業の振興の必要性を訴えたとしても，どれだけの者がいわゆる専業農家として就農し，農業を専門的に始めるだろうか。就農人口が過去より若干高まったとは聞くものの，依然日本の農業人口は低下の一途である[15]。農業の振興を阻んでいるのは，再度価格の面から勘案・検討していけば，農産物価格・販売価格の低下，そしてコストの高負担，そこから生じる利潤・利益の少なさというところであろう。

　これらの条件を切り抜けていくために，農家は一方でさらなる規模拡大を果たさなければならないという圧迫もある。しかし，それにはやはりコストの点で，過大な負担を負わざるをえなくなる。さきにも触れたように，完全に堂々巡りというところであろうか。これでは，就農についてのためらいはもちろんのこと，農業人口の低下もうなずけるところである。「農業を子供たちに薦められるものではない」と言う農家の悲痛な言葉は，そのとおりでもある。

　つまり就農という形態で，さらにそこに利潤や儲けを出さなければならないという前提条件が付随してくるとなると，かなりの負担か無理，そしてリスクを背負わされるというのが，実状であり現実でもある。さらに農業で生活していく・いかなければならない，規模を拡大していく，こうした要請因子が加わると，さらなる負担やリスクを負うことも当然予想される。そこではまた，本章第1節で見たように，農薬・化学肥料依存という形態にもなってくる。このような要因や背景なりが重なって，農業に関して経営が大変であるということは，従来言われ続けてきたことであり，それを本書では前章で詳細に示してきた。

　そこで，筆者が従前来提起してきた，利潤目的ではなく，大規模なものでもなく，さらに就農という専門的なものでもない，家庭内消費くらいの規模の非農家の農業参画ならどうであろうか。再三述べてきたように，営利を目的とせ

ず，利潤を目的とせず，ただただ新鮮・安全な物を，自分で作って自分で（あるいは自家で）消費していく，それならば規模も面積も広大なものは要らず，であるならば機械の搬入の手間と負担も要らず，これによって費用の負担もなくてすむのである。これに拠れば，いわゆる営業・営利といったものから完全に解放されている。またビジネス的ないわゆるリスクの負担からはまったく解放され，それが払拭されているのである。これならば即実行実践可能であって，即行性と即効性がある。というのが，小規模農業の持つ第三の利点・特長である。

　農業というと，イコール専門的な大規模農家，規模拡大を果さなければならない，またそうした経営方法とそうした所への就農，これらをイメージしやすいかもしれないのだが，そうした形態だけでなく，小規模であれば他に本業があろうとも，筆者のようにいわゆる半農半Ｘの形態，他様々な形で実行可能である。その様々な形態，そして流行している形は，本書第4章で見てきたとおりである。このような小規模な農業の形態は，この形態が有する様々な面で，上記指摘してきた有効性がいかんなく発揮できるのである。

　ここまでとの関連で付随し，また総括的に指摘できるのは次の点である。農業は小規模であればあるほど，スモールメリットを活かしながら，ビジネス的なリスクからは解放されることから，それだけ農業と農法は循環型・環境保全型の形態となっていくものと考えられる。具体的には農薬・化学肥料を使用しない有機農法という農業形態になっていくとものと筆者は考えている。今まで述べてきたように，そうした有機農業が可能になっていく条件が小規模であれば整い，さらに言って，有機農業であるためには小規模の方が行ないやすいと考えている。その小規模であるがゆえの参画・実行形態として，優れた即行性があるのが，繰り返すが非農家の農業参画であると筆者は考える。

4．本章・本節のまとめ

　今までの節との関連で，本章と本節をまとめていく所に来たようである。結局，このように農業は小規模であればあるほど，ビジネス的なリスクからは解放され，そしてまた有機農法が可能になっていく。有機農業であるためには，

第6章　半自給農の展開②　エネルギー収支とスモールメリット　133

小規模の方が行ないやすい。そして，小規模であればあるほど，それだけ農業と農法は循環型・環境保全型の形態となっていく。そして経費の面でも安価に，機械や化石燃料に頼らず，冷徹な市場原理からまったく解放され，自然と共生しながら，さらに自然の生命力を基礎とした安心安全な物が供給でき消費できる。これらを本節では示してきた。

　こうした優れた点と，その優れた実行可能性を，家庭内供給・自家消費中心の小規模農業は有し，特長が発揮できるというのが，本章本節全体の主張と提言である。そしてまたこれが，筆者の半農半Xとしての実践的な取り組みと実態分析から得られた本章での結論と提言でもある。

　前もって本章第1節で問題としていた農薬・化学肥料から離脱した食の安心・安全面の確保，そしてエネルギー収支の問題，あるいはまた前章以来問題にしていた経費と費用負担の問題，これらがここに至っては自ずと払拭というのは誇張だろうが，打開の道の一つが示されてきたのではないかと，このように筆者は考えるところである。

　最後に加えて，こうした非農家の小規模農業への参画，またその振興・発展は，例えるならば寓話で有名な「ハチドリの一滴」が如き実行・実践活動ではなかろうか。しかしこれが，本書で求めてきた個人・市民・一消費者が環境・自然・農業・食料の面で貢献できる，一つの実践形態でもあると考えている。そしてこのうねりが，近年のスローフードの動きやロハス的な志向と重なり合って，さらに規模・エネルギーを増し，市民参加型ひいては住民運動となりながら，循環型社会・共生経済構築の礎として発展・展開していくことを，筆者は望んでいる。

　こうした個のレベルでの実行可能性と有益性のいくつかについて，筆者は自身の実際の活動と取り組みから探り説いてきたのであって，読者そして特に素人農業に関心のある読者には，改めて確認され検討していただければと考えるところである。

　そして近年盛り上がり出している上記のスローフードの動きとロハス的な志向，これは筆者が今まで唱えてきた非農家の農業参画と非常に重なり合うところが大きい。その連携関係については，次章で示していくこととしたい。

注

1) 第1章の注8を参照。
2) またこの米価の価格に関しては，本書の第7章でさらに扱っている。
3) この指摘に関しては，胡［2007］p.39を参照。
4) 西尾［2003］p.98。
5) 農薬に対する疑義としては，中島［2004］第4章，岩澤［2010 b］p.14，などを参照。
6) D. Pimentel et al.［1973］。
7) *Ibid.*, pp.444-445。
8) 宇田川［1976，1977，1985，1988，1999，2000］を参照。数値は宇田川［1985］p.111より，筆者（深澤）が算出。
9) 中村［1995］p.11。なお，エントロピーの観点から同様な主張は，内藤［2004］第1章においても展開されている。また，産出量を上回るエネルギー投入量の近年各国の状況について，J. Martinez-Alier［1987］，工藤［2001］の各所でも指摘され提示されている。
10) T.R. Malthus［1798］，高野・大内［1925］［1962］特に第二章を参照。なお，具体的な統計数値に関しては，紙幅の都合上，次の文献等々を参照。ウィキペディア「人口爆発」（http://ja.wikipedia.org/wiki/%E4%BA%BA%E5%8F%A3%E7%88%86%E7%99%BA），資源エネルギー庁「エネルギー白書2010」（http://www.enecho.meti.go.jp/topics/hakusho/2010energyhtml/2-0.html【第201-1-5】世界人口の地域別推移と見通し）。

　　また，FAO（国際連合食糧農業機関）の「世界農業予測：2015～2030年」に基づいた，世界全体の食料の絶対的な不足状況に関する指摘として，河相［2008］p.101以降，西川［2008］を参照。
11) この点に関しては，井上［1998］，木村［1993 a，1993 b］，農林水産省大臣官房技術審議官室［1980］，農林水産省大臣官房統計部［2007］，農林水産省農業環境技術研究所［2000，2003 a, b］，久守［1978，1994，2000］，などの研究がある。また，これらの研究を整理したものとして，佐藤［2004，2005］，佐藤・藤田［2006］，深澤［2010］を参照。
12) 佐賀・横山・芋生［2007］，野口・斉藤［2008］を参照。
13) 玉野井芳郎氏の言葉で言えば，「広義の経済学」という視点である。玉野井芳郎［1990］。

　　「広義の経済学」，この原典はエンゲルスのものであるが，わが国において提唱し広めたのは玉野井芳郎氏である。その後，関根友彦，丸山真人氏らが主張している。（F. Engels［1962］S.136-147．大内・細川［1968］pp.152-163。原文は「die politische Ökonomie im engern Sinn」に対する「die politische Ökonomie, in weitesten Sinne」「die politische Ökonomie in dieser Ausdehung」。玉野井［1990］，関根［1995］，丸山［2003］。）

内容を概観するに，いわゆる一般の経済学は，市場経済や商品経済の分析に重点を置いた経済分析であって，それは経済の一狭小な領域しか扱っていない「狭義の経済学」であるとする。経済現象はそうした市場経済・商品経済だけで存立するものではない。広くは，エネルギー循環，資源・廃棄物の代謝，環境問題，物質循環，エコロジーやエントロピーの論理，さらには生命系，こうした領域の中に経済現象は存立している。であるから，そうした領域までも考察の対象として，経済を扱っていかなければならないとする。

これが「広義の経済学」（または「生命系に基づく経済学」「人間本位の経済学」とも言う）の内容である。このように経済学の領域・対象範囲を広義に取ると，確かに対象領域が拡散・分散し，統一が図られなくなりそうだが，玉野井氏は，特に市場化される領域と市場化されない領域を区別し，特に後者の中でも生命系，農のあり方，地域主義，そしてジェンダーの視点を強調していった。（以上，特に玉野井［1990］を参照。）

14) A. Toffler［1980］, A. Toffler, N. Tanaka, NHK［2007］, T. Fukasawa［2017］を参照。
15) 2010年9月7日に農林水産省は2010年の農林業センサス（速報値）を発表し，本文のような状況を訴えた。この点に関しては，翌8日の各種新聞報道を参照。なお，新規就農者の詳しい動向に関しては，中島［2004］pp.78-80を参照。また2014年現在で，ここ山梨の新規就農者の最新の状況は，増加傾向にあるようである（『山梨日日新聞』2014年6月26日日刊参照）。やはり農家・非農家にかかわりなく，農に関して昨今新しい魅力をつかみ取っている方々のうねりと実際の行動が，感じられるところである。また近年の状況に関しては，深澤［2020］を参照。

第7章　半自給農の展開③　エコロジー分野への寄与

本章のねらい

　前の章では，大規模化とそれによって生まれるスケールメリット，また市場メカニズムや競争原理，こうした社会的に広く流布している共通認識・事項とは，あえて逆転し離反した筆者の取り組みと実践活動，また行動原理や思考を示していった。そこで生じるいくつかのメリットもまた同時に紹介し提示したのだが，このような筆者の認識と行動原理がまったく倒錯したものではないことが解っていただければ有り難い。

　実はこうしたあえて時勢から逆行するような行動と思考は，何も筆者ばかりではないようである。広く世間を見渡せば，かつての大量生産・大量販売・大量消費・大量廃棄，これらの追求とはまったく逆の，それとはあえて反する行動や運動が，近年盛り上がり出している。例えばそれは以下示すスローフード運動だったり，またロハスという行動原理である。

　すでにそれらについては本書でも，前の章で言葉には出しておいた。本章ではこの点に関してさらに詳しく検討しながら，半農半Ｘとしての活動と実態分析，また非農家の農業参画論，家庭内供給的な小規模農業の展開と噛み合わせて，両者の一致点や連携を考えていくこととしたい。

　実はこれらスローフードやロハスの運動や志向（また思考）は，半農半Ｘの活動，非農家の農業参画，家庭内供給的な小規模農業の展開と，合致するところが非常に多い。よって，非農家の農業参画や家庭内供給的な小規模農業の展開は，今後こうした運動や志向（思考）と連携し，そして並行して進展することが，大いに期待できると筆者は考えている。そのため，この章で幾分詳しく

取り上げ，検討していくところである。

本章は非農家の農業参画（家庭内供給的小規模農業）の特長と展開，その3であって，環境面についての展開である。

第1節　スローフード，ロハスとの一致点と連携

右にも示したように，近年スローフードとロハスという言葉を耳にするようになった。ここではそのスローフードとロハスに関して，その起こり，そしてまたその言葉が持つ意味や定義，これらについて確認していくことから始めたい。

1．スローフード運動

スローフード運動とは，イタリアで1980年代半ばに始まったものとされている。ローマの名所にファーストフードを売りものにするマクドナルドが開店した。しかしこれに対して，ある雑誌の編集長であったカルロ・ペトリーニが，地元イタリアにおける食文化の危機を察した。そこで発足させた会，これが始まりだという。近年では草の根的な文化復興の運動組織，あるいは国際運動となっている。日本でも共鳴が多く起こり，スローフードジャパンが2004年に設立されている。

運動や理念を伺うと，単にファーストフードに対立するもの，またスローにゆっくり食べるというというだけのものではない。それにとどまらず，多様で伝統的な食文化を楽しむ。そして安い輸入品やグローバル企業に食をすべて委ねることをよしとせず，地元の農家から食材を直接買うことなどで地域経済を守っていく活動なども含まれている。これがその地域の伝統的な文化や暮らし方を守ることにつながるという意識からである。

具体的な取り組み・活動としては，各地の伝統野菜や料理法，これらの伝承と見直し，そして種の保存，有機農業や健康によいものへの関心，さらには過剰な消費の停止，これらを基にした食育活動，これらが理念となって，実際にそれらを求め実行する運動がスローフード運動となっている。

2．ロハス

　ロハスとは英語名でLOHAS（Lifestyles of Health and Sustainabilityの略称）であり，語義的には健康と持続可能性の（またそれを重視する）生活形態ということになる。発端は，1998年アメリカの社会学者ポール・レイと心理学者シェリー・アンダーソンが，15年にわたる調査の結果，近年における社会的な現象として，大衆の中には次の意識や動向が存在していることをつかんだことにある。それは近年，環境や健康への意識が高い人々の存在がかなり多くいる。この点を彼らの調査は把握したのである。

　そのロハスのひとまず広義の意味・概念からすると，大量生産・大量消費による環境破壊を反省し，質素で自然志向の生活を実践している層を指す言葉となろう。あるいはまた，地球環境の保護と健康的な生活を最優先し，人類と地球が共存共栄できる持続可能なライフスタイル，またそれを望む人たちの総称となろう。

　その際，暮らしを単に原始に戻す，何かを犠牲にして上記のライフスタイルを追求していく，という形ではない。自然環境への貢献に関して，自身の身近なことから日々無理なく実行できることを考え，それを実行していく，このような簡単なものも含まれている。狭く食に限定してみた場合，そこには無農薬野菜，有機栽培による野菜・農産物の追求と嗜好が，やはり重要視されるところとなっている。

3．足下の動き

　以上スローフード・ロハスについて，簡単・安易に確認でき，また人々に周知させ了解を得られる限りでの意味を羅列し紹介した。

　確かに一度現代的で便利な生活を体験してしまうと，辛く大変な昔ながらの生活に戻ることは容易にできないのだが，しかしこうしたスローフードやロハスの考えや運動を引き合いに出すまでもなく，日本においても足下の状況を見渡せば，次のような動きが近年浮上している。

　例えば食に関しても，以下読者におかれても感じられていることであろうが，

ファーストフード，加工食品，インスタント食品らの普及，そしてそれを支える大量生産の方式，また化学調味料や食品添加物等々の普及，これらが近年すさまじく発展し，食べたいもの，ほしいもの，それに類したものが，お金を払えば手に入れられるようになった。しかしその反面，あるいは影の部分として，昔からある食文化，地元の土地土地で昔から伝えられてきた伝統的な料理や食材が失われつつあるのも事実である。こうした状況を改善するために，食べ物に対してお金を払って食せばよい，あるいはまったく注意を払わないという行動や意識，これからはもはや脱却し，あえて健康的な面で食のこだわりを求めていくようにもなってきている。

　さらにはこれらを統合させた，食育ということも近年話題を呼んでいる。そして一方でまた，東日本大震災の原発事故，放射能漏れから，この日本においては，食に関しては否応なく神経質になってきていることも事実である。

　このような意識の下，近頃，打開の方向性と手段，現に採られている考えや動きとして，次のものが挙げられる。前章までは有機農業の普及に関して本書で取り上げてきたが，それと軌を一にするかの如く，地産地消（地元地域で生産されたものをその地元地域で消費していく），旬産旬消（旬に取れたものをその旬に食していく，あえて時期はずれのものは良しとしない），医食同源（医学的な治療と食事療法は源が同じである，食を大切にすることから健康を培い養う），身土不二（身体と土地は二つに切り離しては生きていけない，足下にある土から取れたものを食していく），これらの動きである。

　これらは農業としての，またその地域内循環としての，まさに原点であり，それへの回帰である。現に，これらの観点や標語と重なり合って，顔の見える取引，そして地域循環型の経済と社会の構築が今求められている。こうした動きの中，地方の直売所は大いに人気を得ているし，さらにはまた，そうした大量生産にはない質のよい食材や素材を提供してくれる小生産者を守っていく，こうした動きも生じている。

　具体的には，米・野菜また乳製品などの農産物を地元の生産元である農家から直接購入するという形態が，以下で示していくように起こっている。まさにスローフード運動の中の一つとして示されていたとおりである。このように地

元の農産物を地元の業者から購入することによって、生産者が買い叩かれることをなくしていくことができる。それによって、消費者はまた質のよい食材・食品を、それも互いに合意する値段で手に入れられることにもなるのである。

スローフード運動・ロハス志向は、それに加入する・しないに関わらず、意識する・しないに関わらず、現に日本においてもおよそこうした箇所で起こりつつある。

実は筆者も半農半Xとしての活動の中で、自身が生産を行ないながら、同時にまた米などを販売し、あるいは他の農家の米を親戚・知人に紹介し、農家からその親戚・知人へ渡すという活動も行なっている。なぜにこうした取り組みが必要になってきているのかは、上記の他に以下を読み進めてもらえればお解かりになるだろうが、それはひとまずおき、実はこうした取り組みを行なう中で、上記スローフードやロハス的な考えや動きをひしひしと、そして大いに感じざるをえない。これをまた日々痛感している事実と実体験を基にして示していくことが、読者には有効で有益かもしれない。

4．米の販売価格の現状

第5章で米農家の過酷な状況を示した。米価の大幅な低下、原価ぎりぎりの水準。対して、生産にかかる費用の負担。米を作っても儲けはないという状況。田があるから、一年間放っておくわけにもいかず、手間のかからない米でも作っているという状況。これらを示しておいた。その際の生産者米価だが、（籾）1俵＝13,000円という水準の取引価格で、かように過酷な状況の詳細を示してきた。この価格水準を読者には思い出していただきたい。

この米価（籾）1俵＝13,000円という水準の取引価格において、第5章のかような状況であったのであって、読者はさらに驚かれるかもしれないが、現行では米の販売価格はさらに低下しているのである。2011年のここ近隣の農家の聞き取りによると、すでに1俵＝10,000円を切っていた。これが現実である。よって、米を作って収益を上げようという条件下では、もはや完全にないのである。このような価格水準であると、とても再生産できる（元が取れる）価格というものではなく、米は作って得る収入以上に経費がかかることとなり、い

わば作るだけ損をしてしまうという状況となってしまっている。

　前章ではエネルギー収支の面で，作る以上にエネルギーがかかる状況を見たが，再度価格の面で見ても米を作って売って収入を得る以上に，なんとも奇妙な話だが，経費がかかってしまっているのである。生産者が苦慮する問題は，何もこうした価格という面だけにとどまらないのだが，米価を始めとした農産物価格がなぜにこのように低迷状態になるのか，その要因の一つを実際にある事例をもって以下示していく。

　まず我々が米を購入する場合から見ていくと，通常，販売されている米の分類は，おおよそ次の三種類に分かれている。1．無表示のものか，通常の慣行栽培米（農薬〔除草剤を含む〕・化学肥料を使用して作る慣行栽培のもの）。2．減農薬・低農薬米または特別栽培米（農薬・化学肥料をまったく使用しないのではなく，それらの使用を減らしたもの）。3．有機栽培米（農薬・化学肥料の一切使わず，堆肥を投入して有機栽培によって生産されたもの）。およそこうした規格・分類を，読者におかれてもいずれかでご覧になられたことと察する。価格は無論3にいくほど高額になっていく。

　さて次に，消費・購入側ではなく，実際に米を生産している農家の生産方法はどうであろうか。実は農家によってもそれぞれ，自家・自身の栽培方法（「流儀」や「こだわり」と言った方が解りやすいかもしれない）がある。例えば，農薬の問題性，あるいは安心・安全志向が，近年取りざたされている。こうした状況であるなしに関わらず，ある農家の栽培・生産方法を伺うと，例年，虫害の被害はないことから，害虫駆除の農薬は使用しない，けれども除草には苦慮するため，除草剤を一回だけ使用した形で栽培している。こうした栽培方法であると，生産されるお米は上記の規格分類に従えば，減農薬・低農薬米に該当するであろう。

　あるいはまた別な農家では，化学肥料の依存ではなく，高度な堆肥を投入し，除草剤も使わずに，有機栽培に近い形で米を作っている農家もある。その場合は，上記の規格分類に従えば，2と3の中間に該当することであろう。このように各農家によって，そこには流儀やこだわりがあって生産方法は違ってきており，これによって出荷する際は上記三種類のように本来規格分類されて，価

格や値段にも違いが生じてしかりなのだが，ところが実際に，生産者から仲介者（米買取業者）に販売する時の現実・現状はどうか。

　これもケースバイケースであるが，仲介者（米買取業者）が引き取る時，そうしたこだわりは考慮してくれないことが多々ある。なぜかと言えば，仲介者（米買取業者）からすれば，一つには米の生産・供給過剰と販売需要の低下がある。近年，米は農業用機械や化学肥料の投入などによって，大量生産されるようになった。過剰に生産・供給されているような状況で，米余りの状況と言われることもある。よって米自体の価格がそもそも振るわない。米買取業者の方でも，米また在庫にだぶつきが生じ，以前のような値段で引き取ることはできない。

　第二に，仲介者（米買取業者）の方では，生産者の方がいくら農薬の使用を減らした，有機栽培の形に近いもので作っていると言ってみたところで，仲介者（米買取業者）がその農家と特別な契約を結んでいたわけではなく，また農薬の使用は何回であったかなど厳正に管理していたわけではない。

　よって，引き取る際は往々にして，たとえ有機栽培の米に近いものであっても，上記の慣行栽培のもの扱いとして一括して，その取引価格水準で引き取られていくのが一般的な姿である。このようなことが背景にあり，今日の米の価格水準が上記示したように，すでに1俵＝10,000円を切ってしまったというわけである。

　出荷販売の実状がこのような状況だとすると，生産者側はどのような対応を強いられてくるか。再び生産者側の状況に戻って見ていくと，上記のように，実際に米を作る生産者側にしても，自身のこだわりや努力が一向に販売価格・引き取り価格に反映されないとなると，どうなるか。農薬・化学肥料を控え，有機栽培に近い努力したとしても，それが報われず無駄ともなって徒労に終わるとなれば，苦労するだけの必要は無意味となる。こうして結局，米の栽培方法も，さきのケースで1の慣行栽培のものに収斂し落ち着いていくこととなりがちなのである。これは誠に残念なことではあるが，近年生じる現象の一つとしてあり，これがまた有機栽培・農産物の普及が展開していかない要因の一つである。

このように見てくればお解かりであろう。つまり前章でも指摘してきたが，結局農家にすれば手間のかかった，例えば有機栽培の方法で農産物を作るよりも，農薬・化学肥料を用いて行なう慣行栽培の方が，労力の面でも，商品的な面でも，採算上の面でも，有利となってしまっているのである[1]。

本来の姿としては，有機農産物の生産こそが，社会的に重要な意味を持ち，社会が必要としているのである。そうした儲からない・採算に合わない仕事こそが，社会的に重要な意義がある[2]とは，こういうことを言うのではないか。

5．中抜き現象　産消提携

生じる現象としてはこれにとどまらず，かように残念な現象とは別に，さきに挙げたスローフードの運動に近似する例が昨今生じつつある。スローフードやロハスの中の一つに，地元の農家から食材を直接買うことなどによって地域経済を守っていく動きをすでに示したが，こうした動きは実際に起こり，そして現在活発化しつつあるのである。今までの状況とは別に，こうした側面もまたしっかり認識しておきたい。

上記示したように，生産者である農家が米買取業者に卸したところで，自身自家のこだわりや生産方法が評価されず，一番下の商品価格水準で引き取られてしまう現状（生産者からすればいわば買い叩かれてしまう形）であれば，この点はどうにか打開したい。ならば，自身で米の買取相手・購入してくれる者と提携し，その方々との相対取引，つまり直接販売でやり取りを行なっていく。こうした方法が現に取られつつある。いわゆる「中抜き」「産消提携」と言うものである。

ここでのメリットが生産者側・消費者側，この双方に存在する。まず購入する消費者の方では，生産者側・作り手の状況が解るし，知れる。いわゆる「顔の見える取引」というものができることとなる。つまり生産者を知ることによって，どのように米を作っているか，例えば農薬をどの程度散布するのか，天日干しで行なっているかどうか，消費者はこうした細かいところまで解り，安心して購入できるというわけである。であれば，次に価格の面で消費者は，市場価格あるいはそれよりも高い値段で買っても良いとの判断もつく。あるい

は逆に生産者側から直接購入する場合，幾分安く購入できる（いわゆる「負けてくれる」）こともある。このようなメリットがある。

　逆に生産者側ではどうか。生産者側では，自身の生産方法，自らの努力を見てもらい，それが価格の面でも認めてくれるのであれば，より納得し得心がいき，作る張り合いがでてくるというものである。価格の面でも，相対取引であるから，買い叩かれてしまうことはなく，一般的な店頭販売価格での取引が可能となれば嬉しい限りであるし，またそれよりも幾分安くも販売できよう。これが上記のように，直接購入者には喜ばれる。

　このようにして相対取引・直接販売，そしてそこに生じるメリットの数々を通じて，消費者・購入者は今言うところのウィン・ウィンの関係が結べる。そしてそれを通じて，地元の農家を支えることもできるのである。このように双方にとって，またその地域社会にとっても有効・有益な方法として，かような現象が昨今生じつつある。

　実際筆者も自身の作った米を販売することもあるし，また隣の田の農家の米を親戚・知人に紹介し，購入してもらっている。農家の方では，上記のように米価（籾）1俵＝10,000円を切った水準の取引価格では，とうてい元が取れるものではなく，やっていけるものではなかった。既述のように，市場の販売価格水準，あるいはそれに近似する水準での取引を望むのは当然であって，またその額にて購入されるのが，農家にとっては一番喜ばしいのである。

　こうした中抜き現象，直接販売，地産地消的な地域内での循環，これらが近年盛り上がり出しているのだが，これに特に輪をかけているのが前に示した東日本大震災と放射能汚染の問題であって，消費者の安心・安全志向は一段と増している。実は，農薬・化学肥料の一切を使っていない筆者への米の注文は，前年よりはるかに増してきたのが実状である。さらには上記のように，直接知り合いの農家から米を購入したいので，その問い合わせ，そしてその実際の直接販売，これらが震災以降，頓に増加した。当然そこには，安心・安全志向とともに，さきに挙げた生産者側・消費者側互いのメリット，さらにはさきの地産地消・身土不二の考えと一体となって，こうした形で地元の農家を支えていこうという意識もあるというわけである。

まさにスローフード・ロハスの意識・思考（志向）に関わらず，こうした動きが現に生じていることが伺える。

6．玄米食ブーム

さらに加えて指摘したいのが，現今生じている「玄米食ブーム」である。筆者は自身の作った米の余剰米を販売し，また隣の田の農家の米を販売していることを以前より示しているが，筆者の所に来る注文はほとんどと言っていいほど，何と玄米での注文である。やはりスローフード運動・ロハス志向，これに関わらず，健康食ブームということであろうか，この玄米での米の注文が非常に多い。

いったんここで，籾，玄米，精米，これらについて確認しておくと，次のとおりとなる。まず稲を刈り取って，稲藁と一緒に米を収穫するのだが，その次の作業が脱穀であり，米を藁から分離する。この脱穀した状態の米は籾である。これは言わずもがな，そのままでは食せない。籾殻を取らなければならない。脱穀後に，籾殻だけを取ったものが玄米である。さらに我々が通常食しているものは白米と言って，この玄米をさらに精米機にかけて精米したものである。

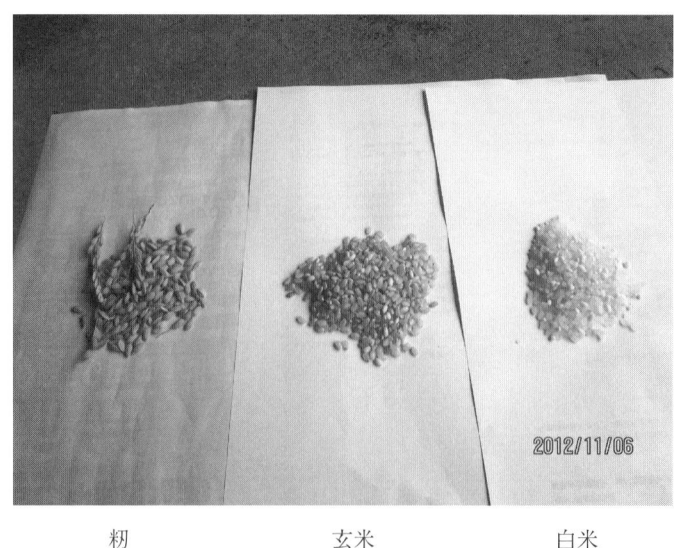

籾　　　　　　　　玄米　　　　　　　　白米

その精米にも位がある。一分から十分搗きまであって，数が上がるほど精米の状態は良くなる。一般的に八分搗きくらいで，まだ米の胚芽が残って黄色みがある。それをさらに搗いて精米すると，胚芽が取れてなくなり，白米となる。一般にお米として市販され，消費者が通常購入しているものは，この白米である。それよりさらに搗いて精米したものは，上白米と言われるものとなる。

ちなみに，酒米それも吟醸酒の原料として使用される米は，白米以上に精米し，完全に米の中心部分（心白）だけを用いる。白米の中心部でない，その周囲の部分は，雑味になるということから，それをほとんど（大吟醸になると70％くらいまで）落として，残った米の中心部にある心白を用いるのである。

我々が食する食米に関して言えば，吟醸酒ほど精白・精米しないまでも，上白米・高い精米状態になるにつれ，酒と同様に味は増し，いわゆるおいしくなり，そして食感もよくなり，食べ心地が良くなる。このように我々が食する米も，上白米になるに従って，おいしさや食感も良くなるならば，ではそのようにしたら良いではないか。となろうが，しかし問題は栄養の面である。

この栄養面ではどうかと言うと，これは上記とは完全に逆の結果となっていく。上白米になるにつれて米は胚芽部分が取れるから，栄養価が低下してしまうのである。米の栄養部分はこの胚芽部分に一番多く含まれており，それを取り除いたものが白米・上白米となっていくからである。よって，一番栄養があるのが，逆に精米していない玄米ということで，単純に計算して玄米は白米の4倍の栄養価がある[3]。

このように今一度確認すると，玄米は上白米に比べて，食感や食味がいわば一番悪く，上白米と比較していわゆるおいしくないものなのであるが，その逆に栄養が一番あるというわけである。

この玄米の注文が，実は昨今非常に多いのである。当方に来る注文のほとんどが，「玄米で」という注文である。それらの方々の主な理由は，栄養面での追求ということであろう。スローフードやロハスの影響，そしてその言葉すら知る・知らないにせよ，近年の健康ブーム・健康食ブームが重なって，食に対する栄養面での追求から，玄米志向が非常に強い。注文のほとんどが玄米でということは述べたとおりであって，実はこれほどまでかと，筆者や販売する農

家の方でも驚いているのが実状である。

　と言うのも，通常の白米を食することに慣れ親しんだ者にとっては，玄米は上記でも示したが，非常にボソボソとした食感で，あまり食べ心地が良いものとは決して言えない。味も白米と比べれば，明らかに落ちる。白米が通常に市販され好まれるというのは，うなずける話である。それにもかかわらず，玄米志向が非常に強い。それも特に，非農家それも都会近辺の方々に玄米食志向が強い。このことに，こちら側としては驚いているのである。繰り返すがやはり，スローフードやロハスに関わりなく，栄養面での追求，健康食ブームということであろう。

　このように何しろ近年，消費者の意識そのもの，そして価値観が非常に変わってきているのが，身をもって把握できるところである。

7．消費者・市民の農的参加との関連で

　こうした状況下であれば，非農家の農業参画あるいは農業関係者でない方々でもできることを，改めて検討してみたい。非農家，まるで農業さらには土に携わらない方であっても，上記のように農家と提携を結んで，安心・安全なものを入手する動きが生じつつある。そしてそれによって，地元の農家を支えることができ，地域内での循環を構築する礎になる。ここに地域内での循環型社会を築き挙げていく，さらに言えば台所や食卓と農地を取り結ぶ理と利の調和があるのではないだろうか。このような動きの背景と現状に関して上記示してきたとおりであり，非常に貴重な動きであると筆者は考えている。

　このように非農家，そしてまるで土に携わらない方でも，農を支えることができるのであるから，さらには余裕のある方，または素人の農業に関心のある方は，小規模の生産活動を行なってみてはどうであろうか。これが本書の主題であって，様々な面から本書ではそれを提起してきたのだが，この点を重ねて本章本節の論述との関連で，さらに提起・提唱したいところである。

　参画の形態としては，自給に近い半農半Xとしての参画もさることながら，筆者がかねてより主張している家庭内供給的な小規模での農業参画である。これならば，前章までで示してきたように，利潤を求めるというものとは別次元

のものである。就農という敷居の高い大々的なものではなく，安易に参加できる。小規模での特長を活かせる。メリットも多々あった。さらに余裕があって，一定規模の面積で従事できれば，米であっても自給でき，余剰分は他に提供することができる。これらの利点が述べてきたようにあるのである。その規模等々に関しては，本書で示してきたとおりである。

　こう見てくると，スローフード・ロハスの原型，地域内での循環型社会の構築，それらの実行可能性の源は，この非農家の家庭内供給的な小規模農業こそにあるのではないか，このように筆者は考えている。このスローフード・ロハスの実行面，そして変化しつつある時代の空気と合わせて，農家ではない方々の多様な農業参画，また家庭内供給的な小規模農業に，ご関心ある方のご参加を再度促したいところである。

第2節　有機農業・循環共生型農業によるビオトープ論

1．ビオトープ

　そうしたスローフード・ロハスの原型と実行の可能性以外にも，次に提示する環境面・ビオトープの観点とも合わせて，非農家の農業参画に関心のある方，やる気のある方の参画をまた訴えたいと筆者は考えている。このビオトープというものだが，近年よくこの言葉を耳にするようになったのではないだろうか。「ビオトープ（独：Biotop）」，これは元来，bio（生命）と topos（場所）を組み合わせた語であって，そもそもは「ある一定の生命体の小生活圏」または「生物群衆の生息空間」等々を指す言葉であったのである。が，近年では以下見るように「生物が住みやすいように環境を改変する」という意味合いも，持ち合わせるようになってきている。

　と言うのも，このビオトープが近年の都市化や工業化によって破壊されつくされてきているのである。その結果，ある種の動物・生命体にあっては，生息条件と生存までもが危うくなり，周知のように希少生物や絶滅危惧種の生物とまで指定されることにもなっている。さらに残念なことだが，近年頓にその絶滅危惧種の生物が増大しているのである。

こうしたことは，生物環境との棲み分けの経緯を考えた場合，人類・人間は野生の生物たちの生息状況を考慮せずに，自身の都合を最優先させてきたとも言えるであろう。例えば森林は次から次へと壊され，湿地や池は埋め立てられ，そこに建物が建てられ，またはアスファルトで覆れる。こうして木ばかりか草までも生える所がだんだんとなくなり，都会に行くにしたがって土が恐ろしいまでに消えていく。となれば，都会・地方，そして田舎に関わりなく，野生の生物のすみかや，そして生物そのものが，急速に消滅しつつあるのもうなずける話である。都会ばかりでなく田舎や地方においてすら，かつては小川などあらゆる所に見られたメダカまでも，今日絶滅危惧種に指定されるようになってしまったとは，驚くべき事実である。

　こうした状況を続けていっていいものかと，事態の進展を恐れずにはいられないのは，筆者ばかりではないであろう[4]。

2．ビオトープの減少と慣行農法との関連①

　そこでここからまず，ビオトープがなくなっていく原因・要因について，それも本書の今までとの関連で，少し詳しく見ていきたい。ビオトープ破壊の理由は多々あろうが，本書で扱ってきた農業あるいは環境の面から原因・要因を考えていった場合，何が指摘できるか。そこには何と言ってもやはり，農薬等々に頼りきったいわゆる慣行農法が与えてきた影響を，過小評価することはできないであろう。

　現在の慣行農法は，極端な形で例えた場合，自身に都合の悪い植物は雑草として除草剤で殺し，有機質肥料でなく工業的に調合生産された無機的な化学肥料一辺倒で作物を生育させ，さらにその生育にとって都合の悪い虫（害虫）は農薬で殺す，こうした形態・方法が極論した形ではあるまいか。またそれが一般的なスタイルとして普及してきたのが今日の姿であろう。

　極論した形がこのような形であるとすれば，そこでは人間自身が必要とする作物以外の植物・動物はみな外敵のようなものとなる。となると，それらと共生共存していくという形態では，もはやなくなってしまっているである。となると，ここからどういう問題が生じてくるか。

3．食物連鎖の法則，自然生態系のバランス

「生物界における食物連鎖の法則」という法則をご承知の方々も多いと察する。これは中学校の理科でも出てくる有名なものであるが，この自然生態系は食物連鎖の法則から，ある種・ある層の生物バランスが保たれている。ある種ある層の生物が何らかの要因で減少すると，その生態系のバランスが崩れる。そのバランスが崩れるということは，そこでは必ず他の種の生物の生息・生存条件になんらかの影響を与えるということになる。これが食物連鎖・自然生態系の法則であり，我々は消費者であっても生産者であっても，この生態系の循環の仕組みを改めて理解しておかなければならない。

具体例で示していくと（以下次ページの図7-1を参照），まず植物が土から養分と水を取り，太陽光によって光合成を行ない，成長している。それを昆虫などが食べる。さらにその昆虫を小鳥が餌にしている。その小鳥をワシやタカなどの猛禽類・肉食鳥が食べているのである。この食物連鎖の法則は，植物と鳥，陸と空中界の例以外の事例でも該当している。陸上の動植物のケースでは，我々人間や肉食動物が，ワシやタカなどの猛禽類・肉食鳥に該当するわけであり，いわば頂点に立つ地位を占めている。また海中・水中でも，まず水中の小さな植物を食べるミジンコやプランクトンが小さな魚（例えばイワシなど）に食べられ，その小さな魚は大きな魚（カツオなど）の餌となり，それはまたサメなどのさらに大きな餌となっていく。

そして頂点に立つ猛禽類・肉食鳥，サメなどの大型の魚類，人間・肉食動物であっても，その排泄物やまた死んだ後にはどうなるかと言うと，微生物としての菌類・細菌類によって分解されていく。それがまた先ほどの植物の栄養源となっていくのである。

結局，この自然界にあっては，陸上・海中・空中一切を含めて，生産者としての植物が存在し，それを食べて生きる草食動物が存在し，またそれを食べる肉食動物が存在する。生物学的に生産者と言うのは，植物である。（以下，153ページの図7-2を参照。）対して，それを食べる草食・肉食動物は消費者となる。その消費者の排泄物あるいは死骸を分解してくれる微生物・菌類は，分解者と

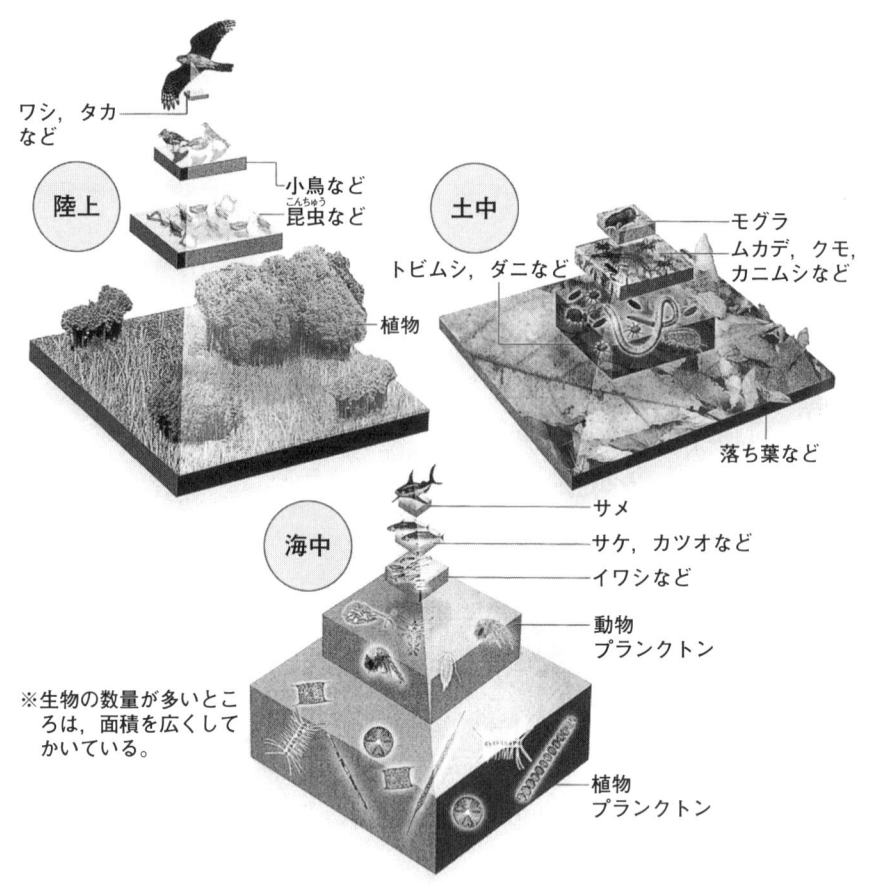

図7-1　食物連鎖・自然生態系の図①
資料：岡村・藤嶋 [2012] pp.232-233.

言う。分解者の働きによって，生産者である植物の栄養源が作られていく。こうした食物連鎖，栄養分の循環が，この自然界に存在している。

このような循環が存在し，また保たれており，生物・自然界は食べる・食べられるの関係がまず存在し，さらにそれを超えて，いわば共存共生型の関係を培っている。

さらにこれらの個体数について見ていくと，このような関係は個体の数ではピラミッド型になっている。目には見えないが，分解者の数が一番多い。その

図7-2　食物連鎖・自然生態系の図②
資料：岡村・藤嶋［2012］p.234.

次が生産者である植物。そして上記の肉食の動物（猛禽類・肉食鳥），大型の動物（サメなど）に進むに連れて，個体数は減少していく。

　そして次が重要な点となるのだが，こうした食物連鎖の関係，あるいは自然生態系が崩れた場合が問題なのである。このように食べる・食べられるという食物連鎖の関係と，その数の割合がおよそピラミッド的にでき上がっているのであるから，ある何らかの原因でいずれかの層の個体が増えたり減ったりすると，他の層に必ず影響が出てきてしまうのである（次ページの図7-3を参照）。

4．ビオトープの減少と慣行農法との関連②

　さて，これと合わせて，さきの農薬等々に頼りきったいわゆる慣行農法が与える影響を考えていくと，どうであろうか。慣行農法が農薬一辺倒の使用によって，自身が敵とするものを殺し続けていく。そして自身に都合の悪い植物は除草剤で殺していく。有機質肥料でなく工業的に調合生産された無機的な化学肥料一辺倒で作物を生育させていく。こうした形態であるすると，そこに従

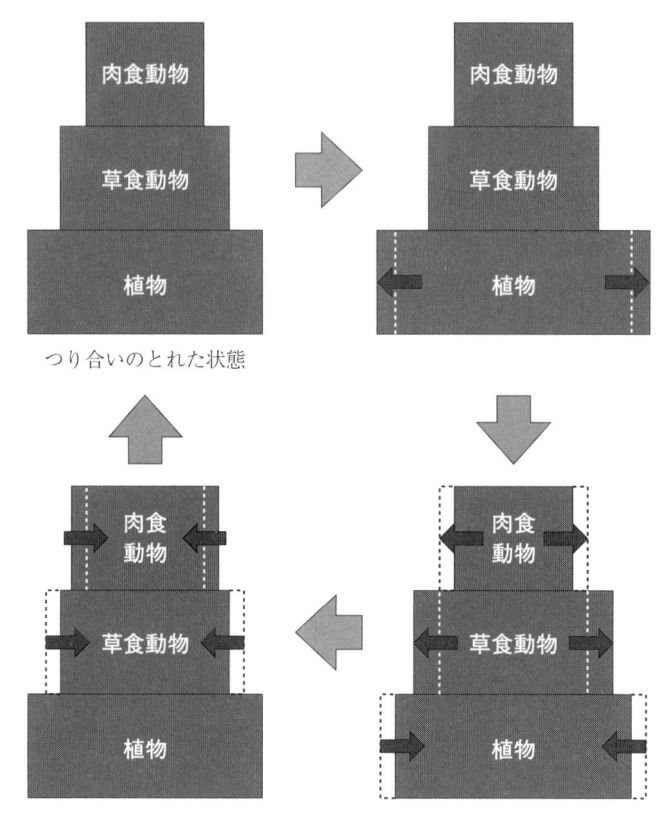

図7-3　食物連鎖・自然生態系の図③
資料：岡村・藤嶋［2012］p.233.

来住んでいた生物は住めなくなっていく。このようにしてビオトープが崩れていくことは明白であろう。

　また農薬については，だんだんと使用していくにしたがって，その農薬に対して抵抗力のついた虫が出現する。これがつまりリサージェンス現象と呼ばれるもので，農薬を無闇にまくと害虫にはそれに耐える性質が生まれて，後になって大量発生してしまうというものである[5]。さらにそれを殺す強い農薬が必要となり，またそれに対する虫の抵抗力，さらに強い農薬と，際限のない繰り返しが生じていることも聞かされている。あるいはまた農薬の使用によって，人間が敵とするもの以外の虫も殺してしまうことも，従来から問題視されてい

る。いわゆる人間にとっての益虫も殺してしまう問題である。

　例えば，田において，人間にとって害虫としての虫がいる。しかし同時に，その害虫を食べてくれるクモという食物連鎖の関係がある。害虫にしてみれば，このクモはいわゆる天敵である。同時に人間から見れば，クモは害虫を食べてくれるから，益虫となろう。しかし農薬の散布によって，害虫と一緒にそのクモも殺してしまう可能性もあるというものである。となると，天敵であるクモがいなくなったことから，新たに別な虫害が発生してくることが従来から指摘されている。

　このような事例が進行していくと，ビオトープと同時に生態系のバランスそのものが同時に崩れてしまう。近頃の有名な例としては，佐渡の天然記念物であった日本固有のトキが絶滅してしまった例を考えた場合，この要因として，農薬の多投によってトキが餌としていた生物を減少させてしまったこと，そして化学肥料一辺倒の農法に頼りすぎ，有機的な栄養循環が低下してしまい，それがさらにトキの餌となっていた生物の生育を減少させた。そしてトキが絶滅していった。これらのことがよく言われている。2012年に中国から貰い受けた野生種のトキの雛がかえったことから，地元の農家はトキの餌を守るために，なるべく農薬・化学肥料を使わないような農業を心がけている放送がなされたことをご存知の方は多いのではあるまいか[6]。

　また，こうした循環と生態系の保護の別の事例として，よく引き合いに出されるものに，海の漁師が山に木を植えるというものがある。海の漁師は，自身が獲る海中魚，その減少に歯止めをかけ，つまり海の魚を増やすために，山に木を植えるという話が有名である。海と山では場と対象が違うのではと一見いぶかしく思うのであるが，実は里山の天然の林からの流水によって，海岸に豊かな栄養素がもたらされるわけで，海の魚を守るためには，里山の豊かな森林を絶やさず，植林していかなければならないというものである。やはり海・山に関わらず，自然のバランス，生態系のバランスを維持していくことは必要なのだということを諭す有名な話ともなっている。

　このような観点からすると，従来の慣行農法が及ぼしてきた影響，それも農薬・除草剤・化学肥料に頼りきった農法，それが自然生態系にまで影響を及ぼ

し，これらがビオトープを破壊してしまう，こうした因果関係がよく指摘されるところである。そしてこのようにビオトープと自然の生態系を破壊していくことは，さきの食物連鎖の法則やトキの例などを引き合いに出すまでもないのだが，必ずや人類にも影響が及んでくるのである。再度，果たして人類はこのようなことを繰り返していてよいものであろうかと，考えずにはいられない。

5．消費者・市民の農的参加とビオトープの保護

 ではどうしていけばいいのであろうか，ということになってこよう。まず，こうしたビオトープの減少，自然生態系の歪みの進行に対して，これとは逆に，ビオトープの保護，つまり絶滅危惧種や希少生物の保護を訴える運動の盛り上がり，さらにはそうした生物と自然または環境，これらとともに共存していく，いわゆる共生共存型の社会経済を求める思索と活動が近年広まっている。このようにビオトープという言葉そのものが，前に指摘したように，その持つ意味合いが，「生物が住みやすいように環境を改変する」という意味に変化してきたのである。

 そこで，では我々はビオトープの保護のためにどうしていけばよいのか。本書の今までとの関連で我々にできることはいったい何か，何ができていくのか，これを本書では常に問いかけてきた。その考えられる答えの一つとして，手っ取り早くは大枠として，第一次産業の特に農業の発展と振興が挙げられることであろう。この農業の発展・振興とともに，農村の自然を活かしてビオトープ復活の足がかりにする，これがまずもって考えられる。だがしかし，それは同時に，慣行農法に依存した形態ではなく，なるべくなら農薬や化学肥料に依存していかない，特に有機農業，循環・共生型の農業，これを推進させ，可能ならばそれに農法を転換していく。こうしたことが求められよう。また実際にそうした点を主張する見解も従来からあるのであって[7]，本書もその点を今まで訴えてきたところである。

 では，それを推進させていくために，我々には何ができるだろうかということが一番の問題なのである。しかし，ここにこそ端的に言って，非農家の農業参画の出番があって，それが特筆されるところではないだろうか。

従来から述べてきたように，非農家であっても様々なスタイルで農業参画が可能である。規模のまったく小さいものから，そして半農半Xのスタイルまで。これらについては第4章で詳しく述べてきたとおりである。そうした非農家でありながら農業あるいは自然保護に興味関心のある方が，何らかの農業のスタイルに従事すること，そして日常の空き時間を利用して，できることをできる範囲で行なっていく，これによって田舎や農村だけではなく，都市においても田や畑，そして自然や緑を復活させ拡大させていく。このことを筆者としては訴えたいところである。そのことによって，ビオトープの空間を創造することができ，生物を呼び戻し，それらと共生型の社会経済と環境を作っていくことが可能になっていくと考えられる。

このように何しろ，関心のある方が規模の大小を問わず農業に参画していくこと，または日常生活の中に農を組み込んでいくこと，これがビオトープ創造と自然生態系の復興と存続の足がかりになると考えられる。実際に都市に田や畑を取り入れていこうとする取り組みとともに，都会における農業の実体験の動きは，近年の食育の面とともに，広がっている。

そして非農家の農業参画の中でも，特に少しだけ規模を大きくした家庭内供給的な小規模農業への参画を促し薦めたいところである。その理由は従来から述べてきたとおりでもあるが，本節との関連でビオトープ復活の課題と合わせて示していくと，次のことが言える。

実は筆者自身，農薬等々を使わない有機農法の形で農業を行なっているのであるが，そこで現実に田にメダカ，ドジョウ，イナゴ，トンボ，タニシ，イトミミズ，これらの昆虫・生物が戻り，それが増えていくのを実際に体験している（次ページおよび巻頭カラーページの写真を参照）。自然が復興していく力，人にも例えられるまさに自然の治癒力・復活の力は，かなり大きなものなのかもしれない。皆で手を携え，このように生きものいっぱいの田や畑を呼び戻し，創生したいものである。

筆者が行なっているのは小規模のものであった。だがしかし小規模であるからこそ，農薬等々に頼らない形での農業が可能であることは，以前より示してきたとおりである。このような小規模のものであっても，小規模だからこそ，

クモ

タニシ

本書で示してきた小規模の利便性を活かし、田畑の生態系の状況を、バランスの取れた形に近づけることができていくものだと考えている。そうした動きが

小規模であれ，それがやがて点から線へと，そして面へと広がっていくことによって，ビオトープの保護，自然生態系の復興・存続にとって大きな基盤となっていくと考えている。

このように農薬等々を使用しない小規模農業の拡大は，ビオトープの復興・復活，また絶滅危惧種や希少生物の保護を求める運動，生物と自然または環境とともに共存していく動き，つまりは共生共存型の社会経済を求める活動，これらと連携して展開できるのである。ここが非常に大きな特長であると考えられる。非農家の農業参画，家庭内供給的な小規模農業の展開とは，そうした活動との連携と合わせて，自然・環境の保護と相互平行的な発展・展開が可能であることは確実であって，環境問題にとっても大きな効力と実行可能性を持つものではないだろうか。このように非農家の農業参画は，かような運動と同時並行的に重なって，盛り上がっていくことを筆者としては望んでいる。

要は農的な空間・領域を生活の中に取り入れ，組み込み，循環を作っていくことが重要となってくる。前節では農を取り入れた主に地域内的な循環を提唱したが，本節ではそれにもまして農を個人の生活空間の中に取り入れていくことを，本書の今までの内容との関連で提唱したい。

第3節　過剰裕福化論・生活水準低下論に対して

ある方面からの見解・主張として，過剰裕福化論というものがある。本章末尾の本節ではそれについて取り上げて考えてみたい。過剰裕福化論とは，もはや現代人の過剰裕福化こそが問題であるという指摘・主張であって，例えば地球環境を維持し，二酸化炭素発生の増大を削減し減少させるには，もはや現代人の過剰にして裕福な生活水準と状態を解消させ，そうした生活水準をあえて低下させるべきだとの見解と主張である[8]。このように，もはや裕福になりすぎた現代人の生活は，地球環境を守る上では，無理してまでも切り下げるべきだという主張である。その生活水準の低下だが，端的には3分の1にまで下げたらどうかという主張も聞かされる[9]。

さて，本書の論述もそうしたトーンでつづられてきたのではないかと判断し

ている読者もいるかもしれない。しかしそれは誤解である。筆者はあえて現代人の生活を低下させるべきだと主張したことは一度もない。でも，ロハスとか農薬を使わない以前の農業を重要視していたではないか。こうした反論も聞かされようが，それと生活水準低下論とは別のものと考えている。筆者は無理にそして強制的に生活水準を低下させる主張には，反対の立場を示したい。理由は以下のとおりである。

　過剰裕福化論について，その主張の中で，現代人の無駄や浪費をなくしていくという点は，非常に賛同できる。ばかりか，それについてはさらに推奨したい。以前述べたことだが，食いきれないまでのものを，調理したか・注文したのか・はたまた購入してきたのか知らないけれども，腹におさめきれずに，ゴミといって処分する。それもまた水分を多く含んだものを，あえて火をつけて焼却する。そしてそこから発生する二酸化炭素の問題や，化石燃料の消費と浪費で苦慮している。このようなことは，道義的な問題として，行なってはならないのではないだろうか。必要な分を必要な量だけ消費し，処分に困った特に生ゴミなどは焼却せず，庭や小規模な農業ができる場を求めて，その土や大地に生ゴミなどを返すことを，筆者は推奨してきたのである。

　このように現代人の無駄や浪費をなくしていくという点は非常に賛同でき，循環型の社会を創っていくという主張ならば，賛同できるのであるが，過剰裕福化の問題是正のために，一意強制的に生活水準を低下させていくことは，不可能ではないだろうかと考えられるのである。一つの例として，2011年の東日本大震災の中，政府は夏場の電力不足に備えて15％の節電目標を各所に要請した。これに関して，実行できた場所もあったのだが，これすらあちらこちらから悲鳴が上がっていたのが現実である。こうした点から鑑みれば，一意強制的な生活水準の引き下げは無理であって，実行性がないのではあるまいか。

　そうした強制よりも，筆者が（特にこの節で）語ってきたのは，近年，従来型の経済活動様式やライフスタイルあるいは価値観の見直しを考え，スローフードやロハスという意識・志向・生活スタイルが着目されている。また自然生態系の歪みからビオトープ復興の動きが起こっている。これらの点であった。それに着目すれば，そうした意識・志向そして動きと合わせて，現代の大量生

産・大量販売・大量消費・大量廃棄型の社会から，循環型の社会を創っていく・循環型の社会に移行していくことが重要と考えられる。

それに関して，筆者が今まで示してきた非農家の農業参画，家庭内供給を中心とした小規模農業の展開は，無駄や浪費を省き，化石燃料に頼らず，肥料等々も自家生産し，土から出たものをいただき，またそれを土に返すものである。これはまさに循環型社会構築・移行への礎であり，その一実践形態として提示したい。というのが筆者これまでの論旨であって，それは同時に，上記生活水準の低下を進める主張に対する批判，いや代替案ともしたいところである。

注
1）この指摘に関しては，胡［2007］p.39を参照。農産物価格がこうした低迷条件下にあるとすると，第5章で示したように，たとえ農業生産に設備投資をし，また規模拡大を行なっていったとしても，いわゆる元が取れるものではなくなり，機械化貧乏となる可能性が出てくるのである。
2）この指摘に関しては，久留間［2003］p.73より。
3）米の栄養価は胚に60％，糠層に20％，胚乳（白米）に20％と言われている（岩澤［2010b］p.162）。つまり単純化して，通常われわれが食している白米は，米の栄養の8割部分をそぎ落としたものであり，それをわれわれは食していることになる。
4）その絶滅危惧種の50％が里山・里地にいるということである。岩澤［2010a］p.54以降。
5）となると，逆に考えてみて，虫がいてあたり前であり，いない方が不思議であり，例えば農薬によって虫も何も死滅させてしまった田ほど怖いのである。
6）農村環境整備センター企画［2009］p.127を参照。トキとは別に，コウノトリの例としては，同p.144以降を参照。
7）慣行農法による土壌動物や微生物群の減少や，逆に有機農法に転換した時の変化と回復過程については，藤田［2010］を参照。また，関連してビオトープ復活の主張としては，特に岩澤［2010］特に1章，4章を参照。
8）馬場［1997］p.342。同「過剰裕福化と資本主義の根源的危機」（経済理論学会第58回大会，第16分科会，第2報告，概要は経済理論学会［2011］p.124に掲載〔執筆は鈴木均氏〕）。
9）「生活水準を1/3に下げる経済学」(http://daruma3.cocolog-nifty.com/nh/2007/12/index.html)。

第8章　市民による半自給農の世界をめぐって Q&A

本章のねらい

　筆者は本書の今までの論点と主張を，すでに論文として公表したり，またいくつかの場で報告・発表してきた。こうした筆者の活動と主張に対して，いくつかの方々からの論文や，また各種報告会等の討論で，多く有益なコメントをいただいている[1]。また，こちらの説明不足もあって，誤解をされている場合もあるような点もある。

　本章では，筆者の今までの主張に関して，寄せられた批判と質問，これらに答える形の章としていきたい。内容的には繰り返しになるところもあるが，再確認の意味合いも込めて，こうした形での整理は読者にとっても有益になるところであろう。

　① 所詮は趣味の世界の話ではないのか？

　「市民による半自給農」「非農家の農業参画」「家庭内的小規模農業展開論」や「半農半X型の農業展開」というのは，趣味の世界としてなら解る。現在の混迷する農業界，農業政策に対して妥当かどうか。

　まずこうした質問・批判がよく聞かされるのであるが，本書においてもたびたび断ってきたように，筆者の主張は農家や農業の専門家に向けての提言ではない。あくまで非農家でありながら農業に興味を持つ方々，小規模農業に参画を希望する者，こうした方への提言である。そして，趣味云々に関わらず，ほんの小規模であれ，ベランダ菜園・プランター菜園など，各人ができる範囲で，できることから始められることを提案し推奨しているところである。

そうした小規模な農業参画が，既述のとおりブームであり，実際に広がりを見せている。かつまた，そうした小規模な農業参画が，前節で示した様々な効果を持つものと考えているのであって，このような世上の動向を，実際に携わってきた者の分析とも合わせて，さらに実行性あるものへと高めていくことを筆者は志向している。農業界や農家に向けた政策提言とは，趣や軌道が違うことをまず第一に確認されたい。

そして，たとえ「趣味の世界」のものと裁断されようとも，個々人が余暇を利用し，できることをできる範囲で実行していくことが重要であって，筆者の取り組みはそれへの参考例ともしたいところである。各章末尾で引き合いに出した，「地球的規模で考え，身近なところから行動せよ（Think globally. Act locally.）」の至言や，「ハチドリの一滴」の寓話を思い出していただきたい。

② 半農半Xと兼業農家との違いは？

「半農半X型の農業」に代表される半自給農と，兼業農家との違いは何か。という質問もよくいただく。

これに関して，提唱者の塩見直紀氏による「半農半X」の定義は，第3章で示したとおりであるの参照されたい。その意味するところを筆者から汲み取ると，「半農半X」とは，専業や兼業農家のように農業を主たる生業や収入目的を主体としたものとせず，本業を他に持つ傍ら，片やその空き時間を利用した形で，食や環境の面を意識して，農業や自然に携わる生活スタイルというところになるのではなかろうか。

つまりは，農業の目的を生業や収入源と捉えず，半自給的志向やエコロジーの観点に重きを置いて農業に従事していく生き方，このように言い換えてもいいかもしれない。とすると，自ずと兼業農家との意識の違いというものが，現れて来よう。

③ 通常のサラリーマンでも実行可能か？

そうした農業参画あるいは農業の実践活動は，日常仕事を持っているサラリーマンでも可能かどうか。日常の仕事に追われ，仕事疲れの中で可能かどう

か。

　このような質問に関して，筆者は自身の取り組みを他者に，強制するものではない。現在，農業参画の希望者が多々いることを熟知している。また，参画の形態も既述のように，家庭菜園他様々にある。筆者のように農業用の機械，軽トラすら持ち合わせてない者でも，かような規模と形態で半自給体制が可能であるので，参考にされ，読者には種々様々な形態で，農業参画の実行実践が計られることを，筆者は希望している。

　日常の仕事に追われ，通常仕事疲れの中にある者なら，上記のように，まずベランダ菜園から始められるのも，一つの手と考えるし，また実際そうした園芸ブームが特に「都会」で流行しているようである。

④　**有利な条件があれば教えてほしい。**

　筆者の取り組みを可能にしている特に有利な条件は何か。それを示されたいという質問に関して，筆者の居住地（山梨県昭和町）は，農業と商工業が半々の町である。居住・地理・気候的に特別有利な条件というものはないと考えている[2]。逆に，必要不可欠な条件を挙げてしまうと，それがないと無理かという感慨を持たれてしまい，こちらとしてはそれを危惧している。優先されるのは自身の「やる気」であろう。

　ただ，ある程度（1aくらいか？）規模が大きくなった場合，あるいは農地が遠方である場合など，あると便利なもの，それは車（筆者の場合は軽自動車）である。収穫物，肥料等々の運搬に便利となる。

⑤　**水田の不耕起栽培は，全国一律・普遍的に可能か？**
⑥　**高齢な農家に適合可能かどうか？**

　⑤・⑥について，同時に答える。筆者の農法，特に水田の不耕起栽培は，全国一律・普遍的に可能かどうか。田による違いはないか。また農業用の機械を使用しないというのは，安価に米を産出できる利点は認められても，時代と逆行している感が強い。高齢な農家に適合可能かどうか。という質問である。

　水田の不耕起栽培を遂行するにあたって，田による違いは確かに存在し，経

験している。また，手作業で行なう筆者の農法が，慣行の機械化農業に省力化の面で勝れるはずはない。高齢化と大規模農家に，筆者の不耕起水田を薦める意図はない。ただ，筆者には次の意図がある。

現在，水田・農村が荒廃しているのは，棚田のような，中山間地の小規模な田が多いと聞いている。機械が入りにくく，また大規模化も無理であるという短所からであろう。現状流布している農業政策として，農業に株式会社を参入させる施策が聞かれるが，企業はおそらく効率の面を重視し，大型の圃場整備された矩形の田を選択し，中山間地の棚田のような田は敬遠し，離れることであろう。こうした施策では，荒廃する「田舎」の農業の復旧にはつながらないのではないか。しかし，棚田のような小規模の分散錯圃地，そして機械が入りにくい地であれば，筆者が行なっている手作業の不耕起栽培の農法は，うってつけの方法となる。小規模であれば，本書で示してきたスケールメリットとはまったく逆の効果が派生する。

人材としては，フリーターや学生，若者，彼らには，こうした農村社会への憧れが強いようにも聞いている。筆者はかような地で，筆者の農法が援用・利用されることを企図している。いや，一般の非農家が小規模な田で実行されるのも，もちろんとした上である。

⑦ 失敗はないのか。収穫量は安定しているのか？

季節あるいはその年々によって収量の変動は無論あるが，水田・畑ともにたいした失敗はない。天候の変化や病害虫に苦慮するという経験もさほどなく，全滅して収穫ゼロということは過去にはない。小規模であるので，種の蒔き直しなど，手と目が行き届くという利点もあると考えられる。

不耕起栽培による米の収穫量は，3aの田を二箇所借りているが，各々毎年籾で200kgくらいを安定して収穫できている。これによると，1aあたり60kgを超える収量となる。ちなみに慣行農法の全国平均では，1aあたり54.2kgであった[3]。

⑧　周りとのトラブルはないのか？

　皆無とは言えないが，トラブルやいさかいには至らない。田に水を入れた場合，隣の田への水漏れや，米糠を撒いた時，鳥の被害を隣の畑に与えてしまったこと，これらで隣に迷惑をかけたことが過去あった。が，その場その場で対処し，迷惑のかからないように取り計らっている。

　周りとの関係については，トラブルより逆に，周辺農家の思いやりを，こちらとしては感謝している。農具や資材そして収穫物等々を融通して下さる場合が多々あるし，「こうするべき」「こうした方がいい」という指摘や助言を多々いただけるのも，誠に有り難い限りである。立ち話だけでも，情報交換と和みの場であり，こうした共同体的性格・意識が，農家や「地方・田舎」には根強くあるのである。

⑨　田に関して特別な肥料，施肥方法があるのか？

　取り立ててない。詳しくは第2章等々を参照してほしいが，秋収穫後，稲藁を切らずに田に散らし，米糠を冬の間に撒くくらいである。その後は，春先からいろいろな雑草（スズメノテッポウが多い）が生え，その雑草は藁や米糠をかけ，5月ごろ水を入れ腐食させる。水の影響でその雑草は倒れ，熊手に似たレーキという農具で掻いて寝かせたりもするが，およそ3週間で田植えが可能な状態となる。雑草が水田の表面を被覆する抑草効果によって，田植え後の雑草（稗など）はあまり生えなくなる。その後，雑草は腐食して土となり堆積し，表土は軟らかくなっていく。

　このように，耕しもせず，代掻きもせず，除草もせず，特別な肥料も入れず，それで上記のとおり平均を上回る収量があるというのは，信じられない話かもしれないが，現実である。

⑩　価値観の変化

　かような取り組みや生活の中で，価値観も変わると思うが，その点はどうか。という質問だが，個人的にいくつも実感・体感している。店頭商品とはまったく違う，新鮮で安心・安全・美味な農作物が得られる食の面。それが安価に入

手できる経済面。この他にも，自然との一体感・充足充溢感，ストレスのなさ，そして解放感。こうしたメンタルな面と農作業労働による健康面。さらにそこから，わが身や社会も大自然の一部であるというある種の達観，そのためにはこれからも自然や生態系を守り育んでいかなければならないとする道徳倫理観。これらは，まさに本で読んで得たというものではなくて，自身が体感し，にじみ出るものとなっている。

⑪　取り組みの時間・日数の詳細を知りたい。

　第2章他でも詳解したが，平均すると日常の空き時間として1日1.5～2.0時間を，こうした農作業にあてている。そして，週休1～2日で雨の日も休む。ただし，農繁期などは例外とするが，なるべくこの時間と休みを守るという形にしている。

⑫　余剰米を販売し，年収はどのくらいか？

　収益はほぼない。余剰米等々の産消提携などの取り組みを，親戚の中で行なってきた。その他に，手作りの完全無農薬有機栽培米ということであるから，これをご理解ある方に，それなりの値段で買ってもらったりしている。自家消費以外の余剰米といっても，既述のように小規模であるから，儲けというほどのものは出ない。第2章他で経費の概略を示したが，それを補うくらいの収入であって，言わばトントンというところである。

　筆者は，よく世上で言われる収益・営業とは別な意識と動機で，こうした取り組みを行なっている。その他に金銭で計れない例えば上記⑩で述べた点などが非常に重要であり，営業という行動原理とは離れた家庭内供給の小規模農業の有意義性に，理解を求めたい。

⑬　普及度と後継者について

　その不耕起栽培は周囲へ広まっているのか。また後継者はどうなのか。という質問に関して，水田の不耕起栽培と言うと，岩澤信夫氏のものが著名にして有名であり，そうした不耕起栽培は流布してきているようにも聞いているが[4]，

本町近隣においては，寡聞にして今のところ筆者だけである。農家は広い面積を扱うので，費用はかさもうとも省力化に優れた機械化農業・慣行栽培で行なおうとするのは，止むをえない話である。

　筆者の手作業によるかような不耕起栽培による稲作，(耕さない，代も掻かない，事前の除草をしない，化学肥料も使用しない) このような水田農法は慣行栽培とまったく逆であったため，始めた当初はまさに奇人・変人の扱いをされた。「これで米が取れるはずがない」というのが，周りの一般的な見方であった。しかし，実状は既述のとおりである。筆者の不耕起栽培が流布しているとまではいかないが，ここに至ってようやく「この農法でも米が取れる」と，周囲から認められたということが，一つの進展であろう。

　一点付記しておく。このような水田の不耕起栽培を試みたいと，考えられている方々がおられようかと推察する。筆者のような不耕起栽培は，実行するに従って，徐々に土が軟らかくなってきたのだが，筆者の体験と予見からして，いきなり不耕起にチャレンジというのは，至極大変な気がする。と言うのも，慣行農法で行なってきた水田は，土が恐ろしいまでに固いのである。トラクター耕起で土中生物や根成間隙をずたずたにし，有機物を入れず化学肥料に頼りきり，除草剤で雑草を殺した慣行水田は，このように土が固くなり，ある土壌学者は，数年後には屋外グラウンドのような土になると言う[5]。

　このように慣行水田では，田により違いはあろうが，よほど軟らかい水田でなければ，いきなり不耕起では苗はとうてい刺さらず，田植えが不可能と考える。よって，表面だけ耕す半不耕起の形態から始められ，徐々に不耕起に移行させるのがよいと考える。

⑭　自然農法，循環型農法との異同

　収穫した米から出る分以外の米糠を投与しているようだが，それでは肥料を完全に与えない自然農法とは異なるのではないか。また完全な循環型農業とは言えないのではないのか。という質問に関して。

　確かに述べたように，コイン精米機から出る米糠の処理に困っている所もあり，それらをいただいて，田に投与している。よって，自分の田から生成した

分の以外の米糠を，肥料として投与している形態である。ここから，自家生成物以外の投与物があることから，厳密に言えば，完全な自給的エネルギー循環型の農法ではなくなる。

また筆者は，肥料をまったく施用しないという，完全なる自然農法を目指しているわけではない。「稲は肥料がなくとも育つ」と巷間で言われたりもするが，原理的に「質量保存の法則」や「エネルギー循環の法則」を持ち出すまでもなく，米は無から創生されるはずはない。また森林と違って窒素循環が保たれていない水田では，地力を保持し次期の栽培のためには，持ち去られた養分を改めて水田に補っていく必要がある。よって，自分の田から生成した分の以外の米糠を，肥料として投与している。

ここで，完全なる自給的エネルギー循環型の農業を志向し追求するのであれば，パーマカルチャー的に家畜を飼育し，そこからの排泄物，あるいは人的排泄物を肥料として，田畑に施す方法が考えられよう[6]。しかし，これは目下無理である。このような自家製生物のみの循環型農業の追求もさることながら，視点を少し変えたい。現在環境問題や廃棄物の問題対象となっている家庭用生ゴミ，上記米糠など，これらを廃棄物として処分してしまう，あるいは処分に苦慮する形態ではなく，大地への肥料として有効利用していく，こうした循環型社会の構築のあり方を追求していきたいと考えている。

⑮ 冬に水を入れられないのはなぜか？

水田の不耕起栽培と言うと，既述の岩澤信夫氏の「冬水田んぼ」「冬季湛水」が有名だが，筆者の場合は冬季に水を入れられない。理由は，冬には側溝に水が来ない，水を引けないのが，一番の要因である。個人的に勝手な行動を起こし，無理に水を呼んで，田に引き入れ，他からひんしゅくをかってはいけない。

注
1）本書との関連で，筆者の公表してきた論文，また学会等での報告は次のとおりである。
【拙稿―エントロピー学会誌関連】
① 「生活の一部としての有機農業と，その投下労働量―循環型社会形成への個人

的取り組み一例—」『えんとろぴい』（エントロピー学会誌）第59号，2007年。
② 「個人的規模で実行可能な農業活動の諸形態報告—循環型社会の実践に個人で取り組める農業形態の調査報告—」『同上』第62号，2008年。
③ 「非農家の自給的稲作の展開について—年間必要労働量・規模・経費から小規模農業の有効性を検討—」『同上』第65号，2009年。
⑤ 「稲作のエネルギー収支研究の系譜と現状—エネルギー収支の研究整理と小規模農業の有効性の検討—」『同上』第69号，2010年。
【拙稿—山梨学院大学関連】
⑥ 「稲作における慣行栽培と自給用不耕起・有機栽培との，投下労働および収支対比分析」『経営情報学論集』（山梨学院大学）第15号，2009年。
⑦ 「労働価値説（投下労働量分析）と自然・環境・使用価値との関係の検討—イムラー『経済学は自然をどうとらえてきたのか』の労働価値説批判への反論—」『同上』第16号，2010年。
⑧ 「家庭内供給的小規模農業展開論—半農半Xの実態経済分析Ⅰ—『同上』第17号，2011年。
⑨ 「家庭内供給的小規模農業展開論（実践的環境経済学）を巡る議論—半農半Xの実態経済分析Ⅱ—」『同上』第18号，2012年。
【拙稿に関する批評】
⑩ 河野直践「『半日農業論』の研究—その系譜と現段階」『茨城大学人文学部紀要（社会科学論集）』第45号，2008年。
⑪ 同『人間復権の食・農・協同』創森社，2009年。
【学会・研究会等の報告】
⑫ 深澤竜人「循環型社会構築の礎としての非農家の農業参画に関して—必要労働量・規模・経費から小規模農業の有効性を検討—」第27回エントロピー学会シンポジウム（國學院大學），2009年9月。
⑬ 同「循環共生型社会構築の礎としての，非農家による家庭内供給的小規模農業の展開について」環境・廃棄物問題研究会，第39研究例会（日本大学），2011年5月。
⑭ 同「半農半X型・非農家の農業参画による循環・共生型社会経済への志向—家庭内供給的小規模農業の必要労働時間・規模・経費—」経済理論学会，第59回（立教大学），2011年9月。
2）「山梨県昭和町ホームページ」（http://www.town.showa.yamanashi.jp/），また拙稿「山梨県昭和町の産業連関表の推計算出，及びその経済分析」『経営情報学論集』（山梨学院大学）第20号，2014年，を参照。
3）農林水産省大臣官房統計部［2007］p.53。
4）岩澤［2003，2010 a, b］を参照。
5）この点に関しては，石川［2001］第7章，岩田［2004］pp.116-128を参照。
6）パーマカルチャー・センター・ジャパン［2011］参照。

〔参照文献〕

明峯哲夫［1993］『都市の再生と農の力』学陽書房。
──・石田周一編著［1999］『街人たちの楽農宣言』コモンズ。
石川武男編［2001］『農に聞け！二十一世紀』家の光協会。
井上喬次郎［1998］「農業におけるエネルギー利用の現状と展望」『農林水産技術研究ジャーナル』第21巻・第10号。
入矢義高・溝口雄三・末木文美士・伊藤文生訳注者［1994］『碧巌録』（中），岩波書店。
岩佐恵美［2009］『考えてみませんか？　ごみ問題』新日本出版社。
岩澤信夫［2003］『不耕起でよみがえる』創森社。
── ［2010 a］『生きもの豊かな自然耕』創森社。
── ［2010 b］『究極の田んぼ』日本経済新聞出版社。
岩田進午［2004］『「健康な土」「病んだ土」』新日本出版社。
内田弘［1993］『自由時間』有斐閣。
宇田川武俊［1976］「水稲栽培における投入エネルギーの推定」『環境情報科学』5-2。
── ［1977］「作物生産における投入補助エネルギー」同上，6-3。
── ［1985］「農業におけるエネルギー収支論」小野周『エントロピー』朝倉書店。
── ［1988］「農業生産にけるエネルギーの投入と産出」日本土壌学会編『土の健康と物質環境』博友社。
── ［1999］「食糧システムにおけるエネルギー」『日本の科学者』第34巻・第2号。
── ［2000］「自給を可能にし，持続可能な農法を考える」『環境情報科学』29-3。
岡村定矩・藤嶋昭ほか［2012］『新しい科学　3年』東京書籍。
金沢夏樹・松田藤四郎編著［1996］『稲のことは稲にきけ：近代農学の始祖　横井時敬』家の光協会。
金子美登［2010］「小利大安の世界を地域に広げる」中島紀一・金子美登・西村和雄編著『有機農業の技術と考え方』コモンズ。
雁屋哲・花咲アキラ［2008］『美味しんぼ』第101巻「食の安全」小学館。
河相一成［2008］『現代日本の食糧経済』新日本出版社。
川口由一・鳥山敏子［2000］『自然農』晩成書房。
木村康二［1993 a］「コメ生産における化石燃料エネルギー消費分析」『農業経済研究』第65巻・第1号。
── ［1993 b］「農業生産における各投入要素のエネルギー原単位及びエネルギー集中度推計」『千葉大学園芸学部学術報告』第47号。
久守藤男［1978］「農業生産における補助エネルギー手段の単位熱量」『愛媛大学総合農学研究彙報』第21号。
── ［1994］「補助エネルギー推計方法」『農林業問題研究』第114号。
── ［2000］『飽食経済のエネルギー分析』農文協。

久留間健［2003］『資本主義は存続できるか』大月書店。
河野直践［2005］『食・農・環境の経済学』七つ森書館
──［2008］「『半日農業論』の研究」『茨城大学人文学部紀要・社会科学論集』第45号。
──［2009］『人間復権の食・農・協同』創森社。
経済理論学会編［2011］『季刊経済理論』第48巻・第1号。
佐賀清崇・横山伸也・芋生憲司［2007］「稲作からのバイオエタノール生産システムのエネルギー収支分析」『エネルギー・資源』第29巻・第1号。
佐藤寿樹［2004］「水稲栽培における投入エネルギー分析の現状と問題点Ⅰ」『広島県立大学紀要』第16巻・第1号。
──［2005］「水稲栽培における投入エネルギー分析の現状と問題点Ⅱ」『広島県立大学紀要』第16巻・第2号。
──・藤田泉［2006］「水稲栽培における直接エネルギー分析」『広島県立大学紀要』第18巻・第1号。
塩見直紀［2008］『半農半Xという生き方』ソニー・マガジンズ（新書版）。初出版は［2003］同社より。
塩見直紀と種まき大作戦編著［2007］『半農半Xの種を播く』コモンズ。
関根友彦［1995］『経済学の方向転換』東信堂。
瀧井宏臣［2007］『農のある人生』中央公論新社。
玉野井芳郎［1990］『玉野井芳郎著作集』全4巻，学陽書房。
槌田敦［2007］『弱者のための「エントロピー経済学」入門』ほたる出版。
徳富健次郎（蘆花）［1977］『みみずのたはこと』（上），岩波書店（改版）。初出版は［1938］同社より。
友田清彦監修・東京農業大学図書館大学資料室製作［2001］『横井時敬の遺産 生誕150年記念』東京農業大学出版会。
内藤勝［2004］『物質循環とエントロピーの経済学』高文堂出版社。
中島紀一［2004］『食べものと農業はおカネだけでは測れない』コモンズ。
中村修［1995］『なぜ経済学は自然を無限ととらえたか』日本経済評論社。
西尾道徳・守山弘・松本重男編著［2003］『環境と農業』農山漁村文化協会。
西川潤［2008］「世界の『食料危機』」山崎農業研究所編『自給再考』農文協。
農山漁村文化協会［2007］『現代農業8月増刊号』（77号）農文協。
農村環境整備センター企画［2009］『実践ガイド 農村自然再生』農文協。
農林水産省編集［2006］『食料・農業・農村白書〔2006年版〕』農林統計協会。
農林水産省大臣官房技術審議官室［1980］『明日の農業技術』地球社。
農林水産省大臣官房情報課編集［2007］『食料・農業・農村白書』（2007年版）農林統計協会。
農林水産省大臣官房統計部編集［2007］『平成18年産作物統計』農林統計協会。
農林水産省農業環境技術研究所［2000］『農業におけるライフサイクルアセスメント』養賢堂。

―――［2003 a］『環境影響評価のためのライフサイクルアセスメント手法』農林水産省農業環境技術研究所。
―――［2003 b］『LCA 手法を用いた農作物栽培の環境影響評価実施マニュアル』農林水産省農業環境技術研究所。
野口勲・関野幸生［2012］『固定種野菜の種と育て方』創森社。
野口良造・斉藤高弘［2008］「インベントリ分析による機械化水稲生産のエネルギー消費量・効率の考察」『農業情報研究』（宇都宮大学）第17巻(1)。
パーマカルチャー・センター・ジャパン編［2011］『パーマカルチャー』創森社。
馬場宏二［1997］『新資本主義論』名古屋大学出版会。
原剛［2001］『農から環境を考える』集英社。
胡柏［2007］『環境保全型農業の成立条件』農林統計協会。
深澤竜人［2008］「個人的規模で実行可能な農業活動の諸形態報告」『えんとろぴい』第62号。
―――［2010］「稲作のエネルギー収支の系譜と現状」同上，第69号。
―――［2020］「国連の「家族農業の10年」「小農の権利宣言」と家庭内供給的小規模農業展開論」『山梨学院大学経営学論集』第1号。
―――［2022］「半自給農の思想・意識」『えんとろぴい』第83号。
福岡賢正［2000］『楽しい不便 大量消費社会を超える』南方新社。
藤田正雄［2010］「健康な土を作る」中島紀一・金子美登・西村和雄編著『有機農業の技術と考え方』コモンズ。
丸山真人［2003］「循環経済モデルの構想」エントロピー学会編『循環型社会を創る』藤原書店。
宮本憲一［2000］『日本社会の可能性』岩波書店。
山梨県昭和町議会［2008］「平成20年 第1回 昭和町議会定例会（3月）会議録」。
山梨県昭和町役場［2008］『広報しょうわ』368号。
山本雅之［2005］『農ある暮らしで地域再生』学芸出版社。
余暇開発センター編集［1999］『時間とは 幸せとは』通商産業省調査会出版部。
横井時敬著・大日本農会編纂［1924］『横井博士全集』第1〜10巻，横井全集刊行會。

Alvin Toffler [1980] *The Third Wave*, New York, William Morrow and Company.
Alvin Toffler, Naoki Tanaka, NHK [2007] *NHK Miraieno Teigen AlvinToffler 'Seisan-Shouhisha' no Jidai*, Tokyo, Nihon Housou Shuppan Kyoukai.
David Pimentel et al. [1973] "Food Production and the Energy Crisis", *Science*, Vol. 182, 1973.
Friedrich Engels [1962] *Anti-Dühring*, in *Karl Marx-Friedrich Engels Werke*, Band 20, Institut für Marxisum-Leinismus beim ZK der SED, Berlin, Dietz Verlag. 大内兵衛・細川嘉六監訳［1968］『マルクス＝エンゲルス全集』第20巻，大月書店。
Juan Martinez-Alier (with Klaus Schlüpmann) [1987] *Ecological Economics*,

Blackwell Publishers. 工藤秀明訳［1999］『エコロジー経済学』新評論，［2001］増補改定新版。

Tatsuhito Fukasawa［2017］"A Study on the Theory of Prosumer",『政経論叢』第86巻・第 1・2 号。

Thomas Robert Malthus［1798］*An Essays on the Principle of Population, as it affects the future improvement of society, with remarks on the speculations Mr. Godwin, M.Condorect and other writers.* London. 高野岩三郎・大内兵衛訳［1925］『初版　人口の原理』岩波書店，［1962］改版。

あとがき

　結論は各章ごとに述べてきたので，繰り返さずともよいであろう．書き残したことなどを補って，本書を終えていく所にすでに来ている．

　まず本書は，2011年に出した筆者の博士論文「投下労働量分析の発展と展開 (The Application and Evolution of the Labor Embodied Analysis.)」の後編が基になっている．筆者は投下労働量分析という分析手法を数年来手がけてきたこともあり，それをまとめたものがこの論文である．投下労働量分析とは，生産過程でどのくらいの労働量が投下されたのか，これを計量算出して分析していくものであって，博士論文の後編は投下労働量分析のミクロ編と名づけ，一家庭という規模で年間に必要な農産物を産出供給するには，どの程度の労働量が必要なのかを探ってみた．本書はこの後編を基にして，出版にあたって学術論文にありがちな専門性を，一般の方々に解りやすく書き直し，同時に全面的かつ大幅な加筆と修正を施していったものである．

　出版に向けての粗稿は数々の出版社を経て，このような形で出版できるところまできた．その過程で，出版側のいろいろな状況や対応を知ることができたが，中でも農林統計協会編集部の山本氏に送付したところ，早々に許諾の話をいただいたのは筆者としてはなんともうれしい限りであった．氏は筆者の原稿全部にわたって目を通され，タイトルなど含めた細かい点にまで重要なコメントを下さった．また，同編集部の木村氏には編集上の作業で大変お世話になった．両氏の援助がなかったならば本書はこのような形で生まれなかったであろう．記して感謝するところである．

　ところで，今日特に文科系の分野では，大学院を出たとか，博士号を取ったということで，しかしそれにてすぐさま研究者として定職に着くことができて，将来が安定するなどというものではない．中にはラッキーな方もいようが，ほ

とんどの方が出たけれど・取ったけれど，あるいは取れないまま，別な形で糊口を凌がねばならない。おまけに大学院時代に借りていた奨学金の返済が数百万円（中には一千万円近く）ある。というのが厳しい現実である。ご多分に漏れず，筆者も同様な定めであった。

　本書本文で素人農業の有意義性や実行可能性を，筆者は自身の体験も交えて盛んに説いているが，実際のところとすれば，筆者にとっては研究の一環とは言え，生活のためにこうした肉体労働・農作業をしてでも，（本文で言っていた「半農半Ｘ」の形態で）食っていかざるをえなかった，と言った方が的を射ているのかもしれない。そんなわけで以下は，漱石枕流的負け惜しみとも受け取られる内容かもしれないが。

　都会の方（かた）と話していると，いろいろなギャップあって驚かされる。よく言われることだが，自宅で無農薬・有機栽培，おまけに新鮮な物を，お金を出さずにふんだんに食べることができるというのは，優雅な生活だよ。とか，一番の贅沢だよ。と，このように言って下さる。だが，こちらとしてはそうした実感はあまりない。農作業の労働の大変さは以下述べるようにあるし，都会の方の方が美味しい物やほしい物やらを，手に入れることができているのではないかと，こちらとすれば羨望することがある。ただ手に入れるためには，お金を払わなければならないようだが。話しを聞いてもっと驚いたのは，シソの葉（大葉）一枚手に入れるのに，都会ではお金を払って買わなければならないということ。こちらは例年種がこぼれて，庭先にふんだんにあるのだが。

　ならば，シソの葉くらいベランダでプランター栽培してみたらどうかと，もちかけてみても，乗る気にはならないのであろうか。農というと，土埃にまみれてというイメージや，のみならず今では虫とかに抵抗があるのだろうか。

　禅の方面に「灰頭土面（かいとうどめん）[1]」という言葉があるが，筆者の場合もそれに負けず劣らず，文字どおり全身土・泥・埃・汗まみれになって，畑仕事をすることがある。有機農業にとって何と言っても大変なのは除草作業であると本文でも語ったが，確かに除草剤を使わないから，春彼岸から秋彼岸にかけての除草作業，あるいは農作業は一人（ひとしお）となる。おまけに蒸し暑い。発汗も凄まじいものが

ある。

　でも，夏場はこのように大汗をかいた方がいいのかもしれない。盛夏に朝から一日中凄まじくエアコンが効いたオフィスに居るという経験もしたことがあるが，これだと外に出ると体がついていかなくなること，しばしばであった。しかしそうは言っても，夏場の畑仕事の汗は凄まじい。絞れば滴り出るような汗と言われるが，畑仕事の後，Tシャツを実際絞ってみれば，本当に汗がボトボト落ちてくる。おまけに近年は温暖化の影響から猛暑日が続いたり，水不足にも悩まされる。まさに「ヒデリノトキハ，ナミダヲナガシ」（宮澤賢治）で，作物に水が不足し枯れそうで，期待していた雨がない時など，まったく泣けてくる。

　ただ，こうした肉体労働を行ないながら，畑仕事を終え家に着くと，地下水をゴクゴク飲んで喉を潤す。昨夜の残り湯（水，冬は町営の100円温泉）にザブンと入って汗を流す。肉体労働をしてくると腹が減る。腹が減ると食が進む。食事についても，普通に自宅で取れた無農薬・有機栽培の野菜や米を，バクバク食べることができている（スーパーやコンビニなどで売られている弁当他の食品には，恐ろしいまでに細かい原材料名などが表示されていて，混乱してくる限りである。現在生産者も消費者もそこまで神経質にならなければならないのが，今日の食の世界なのか。自宅で取れた物を普通に食べているのがいい，というのもうなづける話である）。

　食事が進んで腹が膨れれば，さきの労働の疲れもあって，眠気が出る。すると昼寝ができる。少しでも昼休みができると，午後の仕事が快適となる。講義を行なうのも楽だし，読書や思索も進む。午後の疲れや眠気は生じない。こうした執筆活動でも筆が走る。逆に雨の日など，畑仕事ができず家に居て，一日中机に向かってばかりだと，畑が恋しくなってしまう。

　こんな「晴耕雨読」に似た，あるいは「農夫のように働き，哲人［とまではいかないが］のように思索する」（ルソー）というような生活ができているのかなと，ふと感じなくもない。また「足るを知る」ということからすれば，こんな単純なこと，しかしそれでもこんなことが「健康で文化的な最低限度の生活」というものを送れているのかと，思ってみたりもする。

健康？　これについてもまた自身を尋ねてみた場合，筆者はかような畑仕事・農作業を続けてきたからか，（それ以外にも水泳他で体を長年鍛えてきたせいか，）体重はBMIで22というベスト体重，体脂肪率15～16％。体内年齢など測ってみると，23歳などと出てくる時もある。毎年行なう健康診断の結果は，ほとんどがAという，有難い結果をいただくことができている。（ただし血圧が高い時があるので，無理をして畑でバタッと倒れ，「それ見たことか，ザマを見ろ」などと言われないように注意しているが。）

　畑仕事や農作業の効果についてはすでに第3章で詳しく述べたが，自らを省みた場合，このようなところにも具体的な事例としての効果があったと言えるだろうか。その章で同時に述べていたが，お金では測れない・買えないものというのは，上記のようなところにあるのかもしれないと，これもまたふと思わずにいられない。

　自身のこうした具体例からも，本書の趣旨であった非農家の農業参画，これを多くの方に是非とも推奨したい。改めてやはりこう考え，重ねて訴えるところである。

　本書の扉の次に掲げた「土に立つ者は倒れず　土に活きる者は飢えず　土を護る者は滅びず」というのは，明治から大正にかけての農学者，横井時敬（ときよし）（東京農業大学の初代学長）の有名な言葉である。土に立っていれば倒れない。大地を離れて高い所に居ると，転んだり落ちた時など危険である。例えて，食を購入したり他に依存するというのでなく，自ら土を耕し，大地から生じた，自然が育んでくれたものを食べていれば，飢えることもない。そのためには自然や大地を育んでいかなければならない。そのように土を護（まも）っていけば滅びることはない。

　当たり前すぎることかもしれないが，しかし筆者の好きな言葉でもあり，本書の趣旨とまさに合致するので，最初に掲載してみた。ただ今回記載するにあたって，数点の文献[2]にあたったのだが，正確な出典は不明であった。

　次の出典ははっきりしているので，最後に引用して本書を終えていきたい。

「土の上に生れ，土の生(う)むものを食うて生き，而して死んだら土になる。我儕(われら)は畢竟土の化物である。土の化物に一番適当した仕事は，土に働くことであらねばならぬ。あらゆる生活の方法の中，尤もよきものを択(えら)み得た者は農である[3]。」

土や農に携わっていると，上記二つの言葉の深遠な意味と，その重みが自然と知れてくる。土から遊離してしまった現代人は，もっともっと土や自然の尊さを知るべきである。そして癒されまた育むべき自然との共生の有り方を，是非とも探り構築するべきである。そのためにも，今日における適正規模の農の実践形態を各人が探り，参画されていくことを再度期待したい。

注
1) 入矢ほか［1994］p.128, p.130。大意は，「頭は灰だらけ，顔は泥だらけ，汚濁にまみれての人となり」だが，それと対極的な「万仞峰頭(ばんじんほうとう)」(孤高を持する様)と，究極は同じであるということ。
2) 横井時敬著・大日本農会編纂［1924］，友田清彦監修・東京農業大学図書館大学資料室製作［2001］，金沢夏樹・松田藤四郎編著［1996］。
3) 徳富［1977］p.210 (振り仮名は原文のまま)。

2014年7月

第2刷へのあとがき

本書は2014年に第1刷を出した。その後，2020年から大学の農学部で講義をする機会を得，そこで使用するテキストとして用いてきたこともあって，第1冊の在庫がなくなり，出版社との話し合いの下，このたび第2冊を増刷することとなった。

本書で提示した筆者の主張は変わってはいない。しかし第1冊の発行から数年を経ているため，内容上変化したところなどが出ている。その点を含めて，必要最小限の範囲で改めた。本文でも示したが，大きく変わった主な点をここで示しておくと，以下のとおりである。

①稲作での脱穀と選別が（以前は知り合いの農家にお願いしていたのだが，）足踏み脱穀機と唐箕を入手できため，自身で可能となった。これにて稲作は他にお願いする作業工程がなくなり，完全に自身一人で行なえている。脱穀に関わる謝礼も不要となった。

　②稲作による収穫量が多くなってきた。2020～21年の収穫量は全国的に，またこの近辺でも「やや不作」であったが，筆者の田では過去最高の収穫量を更新してきている。ここ近辺では1反あたりの収穫量は籾で10俵取れれば御の字であるが，筆者の田では2021年の1反での収量は約15俵の計算となる。それも二ヶ所の3ａの田において向上してきているから，単なるマグレや偶然とも思えない。誇張していえば，人類約2,000年かけて培ってきた水田での慣行農法とはことごとく正反対のこと（不耕起栽培で春先の草は取らない，耕さない，代を掻かない，化学肥料も与えない，エンジン付きの機械を使わない）を行なって，慣行農法の1.5倍の収量を得ているとは，考えられないことだが，実際のところである。

　③上記二つ等々のことからも，農業にかかる経費が以前は月々3,000円を積み立てて行なってきたものが，その必要もなくなった。筆者が提供して得る米の収入の範囲で，農業にかかる必要な支出のすべて工面できている。つまり出るお金がなくなった。

　④国連でも家族農業と小規模農業を重視し，保護していく動きとなっている。(2018年は「小農の権利宣言」が国連総会で採択，2019～28年は「国連家族農業の10年」である。) 筆者が以前より本書などで提唱してきた「非農家による家庭内供給的な小規模農業展開論」とは，出自を別にするものの，その近親性・類似性に驚いている。（詳しくは，深澤［2020］を参照。）

　本書や筆者の活動は，徐々にいろいろなところで取り上げられるようになってきた。（詳しくは，深澤［2022］を参照。）本書の趣旨として主張した「非農家の家庭内供給的な小規模農業」の展開を，改めて関係者に勧めるところである。

2022年2月

〔著者略歴〕

深澤　竜人（ふかさわ　たつひと）

　1964年，山梨県生れ。1982〜1989年，東京大学農学部に勤務。2000年，明治大学大学院政治経済学研究科博士後期課程を単位取得済退学。2012年，明治大学大学院より博士号（経済学）を授与。
　現在，明治大学政治経済学部兼任講師，立正大学経済学部非常勤講師，山梨学院大学経営情報学部非常勤教員，産業能率大学兼任教員。非農家ながら農地約1反で農業に携わる半農半X実践・研究家。
　著書に『マルクス経済学簡易入門—現代主流派経済学の批判的考察と合わせて—』丸善雄松堂，2020年（電子書籍）。
　（龍人「りゅうじん」は書道他で用いている雅号。）

市民がつくる半自給農の世界
　―農的参加で循環・共生型の社会を―

2014年 8 月25日　第 1 刷発行
2022年 3 月10日　第 2 刷発行　©　　　　定価は表紙カバーに表示しています。

　　　　　　　　　　　著　者　深澤　竜人
　　　　　　　　　　　発行者　高見　唯司
　　　　　　　　　　　発　行　一般財団法人　農林統計協会
　　　　　　　　　　　〒141-0031　東京都品川区西五反田 7 -22-17
　　　　　　　　　　　　　　　　　TOC ビル11階34号
　　　　　　　　　　　　　　　　http://www.aafs.or.jp
　　　　　　　　　　　　　電話　出版事業推進部　03-3492-2987
　　　　　　　　　　　　　振替　00190-5-70255

　　　　　　　Economy and Ecology Created by Nonprofessional Farmers.
　　　　　　　　　　　　　　　　　　　　　PRINTED IN JAPAN 2022

　落丁・乱丁本はお取り替えいたします。　　　印刷　昭和情報プロセス㈱
　　ISBN978-4-541-03992-7　C3033